新型农民科技人才培训教材

珍禽养殖
实用技术

王　瑞　编著

中国农业科学技术出版社

图书在版编目(CIP)数据

珍禽养殖实用技术/王瑞编著 . —北京:中国农业科学技术出版社,2012.1
ISBN 978 – 7 – 5116 – 0754 – 6

Ⅰ. ①珍… Ⅱ. ①王… Ⅲ. ①养禽学 Ⅳ. ①S83

中国版本图书馆 CIP 数据核字(2011)第 260403 号

责任编辑　　朱　绯
责任校对　　贾晓红

出 版 者　　中国农业科学技术出版社
　　　　　　北京市中关村南大街 12 号　　邮编:100081
电　　话　　(010)82106626(编辑室)　　(010)82109704(发行部)
　　　　　　(010)82109709(读者服务部)
传　　真　　(010)82106624
网　　址　　http://www.castp.cn
经 销 者　　各地新华书店
印 刷 者　　北京富泰印刷有限责任公司
开　　本　　850 mm×1168 mm
印　　张　　4
字　　数　　108 千字
版　　次　　2012 年 1 月第 1 版　　2012 年 1 月第 1 次印刷
定　　价　　12.00 元

前　　言

特禽养殖具有投资少、见效快、附加值高的特点,对繁荣农村经济,促进农业生产,带动农民脱贫致富起到了积极作用。我国特禽种类十分丰富,特禽产品在国际市场中占有一席之地。随着消费水平的提高和我国农业结构的调整,特禽产业也将从传统的"副业"逐渐发展成为许多地区的"主业",因此,特禽养殖是一项具有市场潜力和竞争优势的产业。

特禽产业的发展,需要专门的技术人才。本书通过对当前我国特禽市场比较成熟和具有发展前景的 10 种特禽养殖技术进行了科学讲解,力求解答养殖过程中遇到的实际问题,对走特禽养殖创业致富之路的朋友给予一定的指导。

由于编写时间仓促,不足之处在所难免,请广大读者多多给予批评指正,以便在本读物再版时能够更加科学实用。

目　　录

第一章 肉鸽

肉鸽也叫乳鸽,是指4周龄内的幼鸽。其特点是:体型大、营养丰富、药用价值高,是高级滋补营养品。经测定,乳鸽含有17种以上的氨基酸,氨基酸总和高达53.9%,且含有10多种微量元素及多种维生素。因此,鸽肉是高蛋白、低脂肪的理想食品。肉鸽有很好的药用价值,其骨、肉均可以入药,能调心、养血、补气,具有防止疾病,消除疲劳,增进食欲的功效。

一、生物学特性

(一)外形特征

鸽子属鸟纲、鸽形目、鸠鸽科、鸽属。鸽子的祖先是野生原鸽,肉鸽是经过人们长期选育而形成的品种,由于它体型大,产肉多,肉质好,又不善飞翔,人们饲养它是以吃肉为目的。因此,称为"肉鸽"。

(二)生活习性

1. 一夫一妻制的配偶性

成鸽对配偶是有选择的,一旦配偶后,公母鸽总是亲密地生活在一起,共同承担筑巢、孵卵、哺育乳鸽、守卫巢窝等职责。配对后,若飞失或死亡一只,另一只需很长时间才重新寻找新的配偶。

2. 鸽是晚成鸟

刚孵出的乳鸽(又称雏鸽),身体软弱,眼睛不能睁开,身上只有一些初生绒毛,不能行走和觅食。亲鸽以嗉囊里的鸽乳哺育乳鸽,需哺育一个月乳鸽才能独立生活。

3. 以植物种子为主食

肉鸽以玉米、稻谷、小麦、豌豆、绿豆、高粱等为主食,一般没有熟食的习惯。在人工饲养条件下,可以将饲料按其营养需要配成全价配合饲料,以"保健砂"(又称营养泥)为添加剂,再加些维生素,制成直径为 3~5 毫米的颗粒饲料,鸽子能适应并较好地利用这种饲料。

4. 鸽子有嗜盐的习性

鸽子的祖先长期生活在海边,常饮海水,故形成了嗜盐的习性。如果鸽子的食料中长期缺盐,会导致鸽的产蛋等生理机能紊乱。每只成鸽每天需盐 0.2 克,盐分过多也会引起中毒。

5. 爱清洁和高栖习性

鸽子不喜欢接触粪便和污土,喜欢栖息于栖架、窗台和具有一定高度的巢窝。鸽子十分喜欢洗浴,炎热天气更是如此。

6. 有较强的适应性和警觉性

鸽子在热带、亚热带、温带和寒带均有分布,能在 ±50℃ 气温的环境中生活,抗逆性特别强,对周围环境和生活条件有较强的适应性。鸽子具有较高的警觉性,若受天敌(鹰、猫、黄鼠狼、老鼠、蛇等)侵扰,就会发生惊群,极力企图逃离笼舍,逃出后便不愿再回笼舍栖息,在夜间,鸽舍内的任何异常响声,也会导致鸽群的惊慌和骚乱。

7. 有很强的记忆力和归巢性

鸽子记忆力极强,对方位、巢箱以及仔鸽的识别能力尤其强,甚至经过数年的离别,也能辨别方向,飞回原地,在鸽群中识别出自己的伴侣。对经常接触的饲养人员,鸽子也能建立一定的条件反射,特别是对饲养人员在每次饲喂中的声音和使用的工具有较强的识别能力,持续一段时间后,鸽子听到这种声音,看到饲喂工具后,就能聚于食器一侧,等待进食。相反,如果饲养员粗暴,经过一段时间后,鸽子一看到这个饲养员就纷纷逃避。

8. 有驭妻习性

鸽子筑巢后,公鸽就开始迫使母鸽在巢内产蛋,如母鸽离巢,公鸽会不顾一切地追逐,啄母鸽让其归巢,不达目的绝不罢休。这种驭妻行为的强弱与其多产性能有很大的相关性。

(三)繁殖特点

肉鸽性成熟早、繁殖较快、生长迅速。鸽龄 5～6 个月便可配对繁殖,种鸽每对每年可产乳鸽 8～12 对,而乳鸽只需经 25～30 天哺喂即可出售,体重可达 500～750 克。肉鸽饲养周期短、周转快、投资少、见效快。

二、肉鸽的品种

饲养肉鸽、繁殖乳鸽,要求早期生长速度快,40～45 天要求生产 1 对乳鸽,其体重要求达到 0.5 千克以上。

(一)欧洲肉鸽

由法国克里莫兄弟公司育成。年产乳鸽 15～18 只,成年父母代种鸽重,公 700～850 克,母 600～750 克。4 周龄乳鸽重 545～610 克。特点:体型大,胸肌发达,屠宰率高。乳鸽生长快,抗病能力强。

(二)法国地鸽

此鸽以喜欢地上行走而驰名,易在室内饲养。体型硕大,胸肌发达丰满,体重在 1 千克左右,最大的可达 1.25 千克,繁殖力强,育成率高。

(三)石歧鸽

原产于广东中山市石歧,由引入肉鸽与中国鸽杂交育成。公鸽体重 0.75～0.9 千克,母鸽为 0.75 千克,是我国大型肉鸽种之一,年产蛋 7～8 窝。特点:耐粗放饲养,性情温顺,并以肉嫩、骨软和味美而著称。

(四)白羽王鸽

年产乳鸽 16～17 只。成年种鸽重 550～750 克,4 周龄乳鸽重 500～580 克。特点:屠体肤色较白、抗病能力较强,生产能力稳定。

(五)红卡奴鸽

年产乳鸽 14～16 只,成年种鸽重 600～750 克,4 周龄乳鸽重

500～600 克,特点:饲养容易、体重介于王鸽与欧鸽之间。

(六)大型贺姆鸽

又叫大坎麻鸽。美国大贺姆鸽体型较大,成年重约 1 千克,乳鸽 0.6 千克,该鸽食量较大,可供经济杂交用。英国贺姆鸽体重稍轻,但产蛋较多,年产达 7 对以上。

此外,世界上比较著名的肉鸽品种还有德国亨格利鸽、意大利福来天鸽、马尔得鸽、波兰地鸽(山猫鸽)等。

三、肉鸽舍的建造

(一)场地选择

大规模饲养肉鸽时,就需要建筑鸽舍,鸽舍场地的基本条件是:

1. 地势高燥,排水良好,最好是向南或向东南倾斜。既便于通风采光,又能做到冬暖夏凉。

2. 水源充足,水质好,场地四周可栽种些树木。

3. 交通便利,以便于运输饲料、产品及粪便等物。

4. 保证供电。

(二)鸽舍配置

应根据饲养肉鸽的规模和鸽子生长阶段的不同,鸽舍的形式也不同。

1. 笼养式鸽舍

把种鸽成对关在一个单笼内进行饲养,将鸽笼固定放在鸽舍内。铁笼用铁网制成,一般规格为 70 厘米 × 50 厘米 × 50 厘米。笼中间用半块隔板将笼分为上下两层,在隔板上产卵,盆直径 25 厘米,高 8 厘米,便于高产鸽将孵化和育雏分开,防止受哺乳鸽影响下窝孵化。笼外挂饲料槽、水槽、砂杯。鸽舍可以是敞棚式的,周围用活动雨布遮挡,也可以在平房内,做成框架,重叠排放鸽笼。每一鸽笼下设活动承粪板,每天可及时清除粪便。笼养式的优点是鸽群安定,采食均匀,清洁卫生,便于观察和管理。其受精率、孵化率及成活率都高,其缺点是鸽子无法进行洗浴运动。

2. 群养式鸽舍

通常采用单列式平房,每幢鸽舍一般长 12～18 米,檐高 2.5 米,宽 1.1 米,内部用鸽笼或铁网隔成 4～6 小间,每个小间可饲养种鸽 32 对,或青年鸽 50 对,全幢可饲养种鸽 128～192 对,或养青年鸽 200～300 对,由 1 个人管理。每间鸽舍要前后开设窗户,前窗可离地低些,后窗要高些。在后墙距地面 40 厘米处开设两个地脚窗,以有利于鸽舍的通风换气。鸽舍的前面应有 1 米宽的通道,每小间鸽舍的门开向通道。通道两面是 30 厘米宽、5 厘米深的排水沟。鸽舍的前面是运动场,其大小应是鸽舍面积的两倍,上面及其他三面均用铁网围住,门开在通道的两头。运动场的地面上应铺河沙,并且河沙要经常更换。饮水器可自制,即将瓶子灌满水,上扣一碗,迅速倒过来,往上提提瓶子,到有小半碗水时将瓶子固定好。在窗户上方设栖板,以供鸽登高休息。在运动场外,要栽种上一些树木,或搭建遮阳棚,场内要安放浴盆(直径 36 厘米,深 15 厘米)供鸽洗浴,洗浴后要及时倒掉污水。冬季注意保持舍内温度,最好在 6℃ 以上。

3. 简易鸽舍

如果饲养数量小,把饲养肉鸽作为一项家庭副业,可以充分利用庭院空闲的地方。旧房空屋、阁楼房檐或楼顶阳台,可因陋就简地搭建鸽棚。只要能防风雨、防蛇鼠兽等危害即可。农村有些房屋带有过洞、门楼,也是养鸽的好场所,要加以充分利用。在北方冬季气候严寒地区,还应采取一定的保暖措施。

四、肉鸽的配种及繁育

(一)场地的选择

对于初养的家庭养殖户来说,一般以养殖 100 对种鸽为宜,占地面积 35～40 平方米,除利用闲旧房舍外,也可搭建部分简易鸽舍。鸽舍用尼龙网遮盖后放养配对前的青年种鸽。生产种鸽采用笼养方式,鸽舍应冬天保温,夏季通风、防暑。

(二)配对前的准备工作

无论是公鸽还是母鸽,体格要健壮均匀。每天饲喂两次,每次让鸽吃八九成饱,并供给充足清洁的饮水。在配对前 10 天左右,用一定的药物进行传染病的预防,并驱除鸽体内外寄生虫。保持鸽群每周洗浴一次,洗浴时可在水中加入适量的敌百虫,以杀灭体外寄生虫。根据所饲养肉鸽的数量,准备好笼具以及相配套的食槽、水槽、保健砂杯和产蛋巢。储备好足够的饲料和常用的药物。在进鸽前 1 周,用福尔马林和高锰酸钾对鸽舍进行熏蒸消毒,并对舍外环境全面清扫消毒。

(三)配种

1. 配对

5～7 月龄肉鸽开始性成熟,产蛋孵化期可长达 7～8 年,但经济利用年限约 5 年。鸽的繁殖有自然配对法和强制配对法两种。后者按配种计划将公、母鸽强制放入笼中,可起到严防近亲繁殖的作用,配成后套上脚号移至种鸽舍的鸽笼中。一般实行老公鸽或母鸽和年轻的母鸽或公鸽配对,其后裔成绩较理想。

2. 筑巢

配对后的肉鸽第 1 个行动就是筑巢。一般公鸽去衔草(也可由鸽主事先做巢);笼饲时可设塑质巢盆,上加铺一麻袋片。公鸽开始时严厉限制母鸽行动,或紧追母鸽,至产出第 2 个鸽蛋时停止上述跟踪活动。

3. 交配

在正式交配前,鸽均有一些求偶行为,这以公鸽为主动,表现为头颈伸长、颈羽竖立、颈部气囊膨胀、尾羽展开成扇状,频频点头,发出"咕、咕"声,跟在母鸽后亦步亦趋;或以母鸽为中心,做出画圈步伐,渐靠拢母鸽。如母鸽愿意,会将头靠近公鸽颈部,有时还从公鸽嗉囊中吃一点食物,表示亲热。经一番追逐、挑逗、调情、接近后,便行交尾。

4. 产蛋

一般每窝连产两个蛋。第1个是在第1天下午或傍晚时产下,第2天停产,于第3天中午再产下第2个蛋。

5. 孵化

孵化的时间多在产蛋后开始,公、母鸽轮流孵蛋。公鸽在上午10:00时左右替换母鸽出来吃料、饮水,然后下午14:00时左右再由母鸽进去孵蛋,直至第2天上午由公鸽接班。孵化期从第2个蛋产下的那天起计算。可于孵化的第5天、10天各照蛋1次,剔除无精蛋、死精蛋和破蛋。孵化期为18天。

6. 记录

做好各鸽栏的配对日期、产蛋日期、受精蛋数、出雏日期、出雏数等记载。

五、养殖技术

(一)雏鸽的饲养技术

从出壳至28日龄的鸽统称雏鸽(有的地区从出生至10日龄称初雏,10~20日龄称雏鸽)。雏鸽出壳两小时后,亲鸽便开始用喙给雏鸽吹气、泌乳,再过两小时亲鸽开始哺鸽乳,这时的雏鸽体小质弱,容易死亡,一定要加强管理。首先细心观察,注意避免被种鸽踏伤或冻死。如果出生雏5~6小时仍吃不到鸽乳,要及时查找原因(必要时给雏鸽喂人工鸽乳)。发现亲鸽不哺乳时可找同时期种鸽寄养,而且可避免部分亲鸽喂单鸽,提高生产能力。3~4日龄后,雏鸽的眼睛慢慢睁开,身体逐渐强壮起来,身上的羽毛开始长出,食量逐步加大,消化力增强。这时亲鸽要频频地哺喂雏鸽,有时每天多达十几次,因此供给亲鸽的饲料量要充足,营养要丰富,以满足需要。这时的雏鸽排粪量增加,容易污染巢窝,每天应及时更换垫布和垫草，以免发生疾病。雏鸽10日龄时，新羽毛长出很多，能自行走动。亲鸽给雏鸽保温时间缩短，亲鸽喂给的食物也由鸽乳变成半颗粒状的饲料，有少数雏鸽未能完全适应，常出现消化不良和嗉囊炎。出现这种情况应及时进补喂些酵母片或健胃药，帮助消化。雏鸽15日龄时，全身羽毛基本长齐，活动自如，可以抓出巢窝，在笼内铺上一块20厘米×20厘米的布片，让它慢慢适应，不致扭伤脚。这时的亲鸽喂给的饲料呈颗粒状，与所吃的饲料相同，且多数亲鸽又开始产蛋，无心喂养雏鸽，为此在这期间应加以人工喂养。雏鸽20日龄后，羽毛丰满，能在笼内四处活动，但还不能完全自己啄食，仍然依靠亲鸽，但能主动向亲鸽讨食吃，这时的亲鸽会强迫它独立采食。此时应加强管理，增加些高蛋白质饲料的供应，以满足雏鸽的需要。雏鸽生长到25～28日龄时体重可达500～750克，可以出售（这时的雏鸽称之为乳鸽）。

（二）青年鸽的饲养技术

从28日龄离巢直到转群，有条件的地方最好做到"三不变"：原地喂养、原饲养人员喂养、原饲料不变，这样能促使雏鸽正常生长发育。2月龄内的幼鸽由于从亲鸽喂养到独立生活，这阶段很难喂养，因此必须加强饲养管理，注意保温、通风，加强保健砂和饲料的营养的供给，增加机体抗病能力，使其正常生长发育。这时要做到"三看三查"："三看"是看动态、看食欲、看粪便；"三查"是查有无吃到饲料、查是否过于拥挤、查是否挨咬受伤。吃不到饲料的可以单独喂食，挨咬受伤者及时护理，把好斗者单独饲养，拥挤可以扩群饲养。2月龄时雏鸽开始换羽，饲料中蛋白质饲料要适当增加，以促进羽毛的更新。在饲料中加入5%火麻仁，保健砂中加入穿心莲或龙胆草等中药，饮水中有计划地加入少量抗生素，以预防呼吸道病及副伤寒的发生。在这段时期，要特别注意笼舍、食饮具的卫生，要按时洗刷消毒。3～4月龄时，第二性征开始出现，活动能力越来越强，这时应当进行选优去劣，公母分开饲养，或者强行上笼配对，并对鸽群进行除虫，保证其正常生长发育。

(三)种鸽饲养技术

青年鸽在 5 月龄逐渐开始配对,6 月龄时已经性成熟,鸽子的主翼羽大部分更换到最后 1 根,这时基本上已转入种鸽期。

1. 做好产蛋前的准备工作

配对后 8～10 天开始产蛋。这时有条件的应上笼饲养(或转移到有蛋窝的鸽舍内饲养),准备好产蛋巢,里面铺上一层麻布片,以免使蛋破碎。要检查笼舍有无漏洞,以防猫、狗、蛇、鼠的干扰或遭透风、漏雨的侵袭,造成不应有的损失。

2. 做好产蛋至出雏前的管理工作

(1)产蛋后及时检查有无畸形蛋和破蛋,如发现应及时取出,对初产鸽要经常观察蛋巢是否固定,两个蛋是否集中在蛋巢的中央底部。

(2)对新配偶要观察是否和睦,是否经常跳来跳去,互相啄斗,导致踩破蛋。对于体型大的鸽,要特别小心加以护理,防止压碎蛋,更要防止由于营养不全或有恶食癖的鸽啄食种蛋。

(3)要按时进行照蛋,及时处理坏蛋,对无精蛋、死精蛋和死胚蛋应及时取出,以防蛋变臭,影响正常发育的蛋和产鸽的健康。发现不受精蛋和死胚应查明原因,完善管理制度。

3. 合并同时间的蛋进行成双孵化

对窝产 1 个蛋或者两次照蛋剩 1 个者,应合并同时间蛋进行成双孵化,以提高生产率。

4. 蛋巢应保持温暖干净

准备双蛋巢,雏鸽出生后应注意保温。经常更换麻布(干草),经常洗刷蛋巢中的粪便,以保持清洁卫生。在雏鸽 12 日龄时,应再放入一蛋巢备用,因这时种鸽开始产第 2 窝蛋,在 15 天左右产出,种鸽担任哺乳和孵化的双重任务,这阶段更要精心饲养管理,增加饲料营养,增加喂料次数,以保证种鸽双重任务的完成。

5. 搞好登记记录工作

随时做好产鸽的生产记录,给今后饲养管理提供重要的数字依据。

（四）肉鸽的营养需要

鸽子无胆囊，以植物性饲料为主，喜食粒料，如玉米、稻谷、大麦、小麦、碎米、豌豆、胡豆、绿豆、高粱、苕子、菜籽等。此外，还需添加矿物质和维生素，即黄砂、黄泥、老墙土、木炭屑、蛋壳、陈石灰、蔬菜、盐水等。这就要根据当地的农作物资源配制饲料，但由于原粮的品种和质量不一致，饲料稳定性差、鸽子挑食，营养成分往往不够全面、合理、影响肉鸽的生产。制定合理的饲料配方是养好鸽的关键。科学地配制日粮可充分利用饲料资源，合理搭配饲料可满足鸽子生长繁殖和各种活动的需要，从而最大限度的发挥饲料的效能，提高饲料的利用率。同时，多种饲料原料共同搭配，可提高饲料的适口性，发挥各种营养特别是氨基酸的互补作用。在日粮中，以蛋白质含量 13% ～ 15%、粗纤维不超过 5% 为宜。肉用仔鸽应用颗粒饲料，谷类占日粮的 45%，油脂约占日粮的 10%。

1. 配方原则

（1）根据鸽的品种、年龄、用途、生理阶段、生产水平等不同情况，确定其营养需要量，制定饲养标准，然后根据饲养标准选择饲料，进行搭配。

（2）控制日粮的体积，既要保证营养水平又要考虑食量，一般鸽子 1 天内消耗 30～60 克，如果日粮中粗纤维含量较大，则易造成体积较大，鸽子按正常量食入时，营养不能满足其需要。因此，一般粗纤维的含量应控制在 5% 之内。

（3）多种饲料搭配，发挥营养的互补作用。使日粮既营养价值高又适口性好、提高饲料的消化率和生产效能。

（4）选择合适的原料进行配合。要求饲料原料无毒、无霉变、无污染、不含致病微生物和寄生虫。要尽可能考虑利用本地的饲料资源，同时考虑到原料的市场价格，在保证营养的前提下，降低饲料成本。

（5）保持饲料的相对稳定。日粮配好后，要随季节、饲料资源、饲料价格、生产水平等进行适当变动，但变动不宜太大，保持相对的稳定，如果需要更换品种时，也必须考虑逐步过渡。

2. 目前在国内许多鸽场采用饲料原料喂鸽，现介绍几种饲料配方以供参考

一般来说，用于青年鸽的日粮配方中，能量饲料 3～4 种，占其日粮的 70%～75%，蛋白质饲料两种，占 25%～30%。用于育雏期种鸽日粮配方中，能量饲料 3～4 种，占其日粮的 65%～70%，蛋白质饲料 2～3 种，占 30%～35%。用于非育雏期种鸽日粮配方，能量饲料 3～4 种，占其日粮的 75%～80%，蛋白质饲料两种，占 20%～25%。具体配方需按当地情况调整，如下配方仅供参考：

（1）乳鸽饲料配方（人工哺育时采用）

1～4 日龄：奶粉 50%、蛋清 35%、植物油 5%、电解多维 5%、骨粉 2%、酵母粉 1%、蛋白消化酶 1%、鱼肝油 1%，另外，每千克加 1 克食盐。

5～7 日龄：奶粉 40%、雏鸡料 25%、蛋清 20%、植物油 5%、电解多维 5%、骨粉 2%、酵母粉 1%、蛋白消化酶 1%、鱼肝油 1%，另外，每千克加 1 克食盐。

8～10 日龄：奶粉 15%、雏鸡料 50%、蛋黄 20%、植物油 5%、电解多维 4%、骨粉 3%、酵母粉 1%、蛋白消化酶 1%、鱼肝油 1%，另外，每千克加 1 克食盐。

11～15 日龄：奶粉 10%、雏鸡料 65%、蛋黄 10%、植物油 5%、电解多维 3%、骨粉 4%、酵母粉 1%、蛋白消化酶 1%、鱼肝油 1%，另外，每千克加 1 克食盐。

16～24 日龄：奶粉 5%、雏鸡料 80%、植物油 5%、电解多维 3%、骨粉 4%、酵母粉 1%、蛋白消化酶 1%、鱼肝油 1%，另外，每千克加 2 克食盐。

25～30 日龄：奶粉 5%、雏鸡料 85%、电解多维 3%、骨粉 4%、酵母粉 1%、蛋白消化酶 1%、鱼肝油 1%，另外，每千克加 2 克

食盐。

（2）青年鸽饲料配方　玉米 55%、豌豆 20%、绿豆 5%、小麦 15%、花生 5%。

（3）生产鸽通用饲料配方　玉米 45%、豌豆 27%、绿豆 5%、小麦 15%、花生 8%。

生产鸽应根据不同的生产阶段，如配对期、非哺乳期、哺乳期等来调整配方。

（4）非生产鸽通用饲料配方　玉米 30%～70%、高粱 10%～15%、稻谷 10%～30%、小麦 10%～20%、花生 3%～5%。

3. 饲喂方法

肉鸽每日饲喂 3 次，哺乳种鸽中间要加喂 1 次。饲喂时间是上午 8:00，中午 12:00，下午 16:00，每次间隔 4 小时。投食的同时要加水补砂。投食的方法有两种：一种是投满食，即把每次要投的饲料加足；另一种是投抢食，即把每餐投食量分多次投喂，采取少加勤添的方法，做到喂后基本不剩食。

4. 保健砂的配方及供给方法

在放养条件下，鸽子可以在外吃到砂粒、泥土和青草等，鸽子生长发育需要的各种营养都能通过各种途径得到补充，并且野外阳光充足，维生素 D 也能合成，而集约化的笼养方式，就需要添喂保健砂，并且保健砂质量的好坏，已成为肉鸽饲养的重要因素。

（1）原料　配制保健砂的原料有贝壳粉、石灰石、骨粉、蛋壳粉、红土、砂粒、石膏、食盐、木炭末、生长素等，还可在保健砂中加入某些中草药粉及其他添加剂。另外，根据鸽群的健康情况，可在保健砂中适当添加一些抗生素。

（2）采食量的测定　只有准确测定鸽子对保健砂的采食量，才能较为准确地给予各种营养素和药物，避免不足和浪费。测定时，随机选择 20 对正常的产鸽（包括育雏鸽和非育雏鸽），连测 28 天，取平均值即得每只每天的采食量。测定保健砂的用量不能仅测几天，因为产鸽在整个育雏期对保健砂的采食量不同。一般采食情况是出仔最初几天吃的较少,4 天后逐渐增多,1～3 周龄最多,3 周后又慢慢减少,因为亲鸽能根据乳鸽生长的需要调节自己采食保健砂的量。

（3）配方

①蚝壳片 35%,骨粉 16%,石膏 3%,中砂 40%,木炭末 2%,明矾 1%,红铁氧 1%,甘草 1%,龙胆草 1%。

②中砂 35%,黄泥 10%,蚝壳片 25%,陈石膏 5%,陈石灰 5%,木炭末 5%,骨粉 10%,食盐 4%,红铁氧 1%。

③蚝壳片 25%,骨粉 8%,陈石灰 5.5%,中粗砂 35%,红泥 15%,木炭末 5%,食盐 4%,红铁氧 1.5%,龙胆草 0.5%,穿心莲 0.3%,甘草 0.2%。

④蚝壳粉 40%,粗砂 35%,木炭末 6%,骨粉 8%,石灰石 6%,食盐 4%,红土 1%。

（4）注意事项　配制保健砂时,一是检查所用各种配料纯净与否,有无杂质和霉败变质情况。二是在配料混合时应由少到多,多次搅拌,用量较少的配料如红铁氧、生长素等,可先取少量保健砂混合均匀,再混进全部的保健砂中。三是在保健砂配制后,使用时间不能太长,否则不新鲜,易潮解变质。一般可将保健砂的主要配料如蚝壳粉、骨粉、粗砂、红泥、生长素等先混好,其量可供鸽采食 3～4 天,再把用量少及易氧化、易潮解的配料在每天给保健砂前混合在一起。这样,保健砂的质量和作用才有所保证。

（5）使用方法

①保健砂应现配现用,保证新鲜。配好的保健砂,应用保健砂箱装好,放置在让鸽自由啄食的地方,也可混合均匀后加入适量的水揉成圆团状,而后晾干备用,喂时稍压碎。或者是把成团的保健砂放入鸽笼或鸽舍中让鸽子自由啄食。

②每天应定时定量供给。一般可在上午喂料后才喂给保健砂,每次的量要适宜,育雏期亲鸽多给些,非育雏期则少给些。通常每对鸽供给 15～20 克。

③每周应彻底清理一次剩余的保健砂,换给新配的保健砂,以保证质量。

④保健砂的配方应随鸽子的状态、机体的需要及季节等有所变化,不能一成不变。

⑤由饲喂某种保健砂到改喂另一型的保健砂时,必须有一个过渡期,一般为10天左右。甚至从颗粒较粗的保健砂到适应颗粒较细的保健砂(包括其中某些药物不同气味及不同颜色)也是如此。喂一种新的保健砂,起初3~5天,鸽群很少甚至不采食,这样会导致部分鸽子消化不良和拉稀等消化道疾病,购进新鸽时应注意这一点。

六、肉鸽常见疾病及其防治

(一)禽霍乱(又称禽出败)

【病因】 巴氏杆菌

【症状】 病鸽发烧、脚冷,羽毛松乱、饮水频繁、口中流出黄色油脂状黏液、伴有下痢、体质瘦弱,急性者有时会突然死亡,病程一般2~3天。

【防治】 ①肌内注射20%磺胺嘧啶钠注射液1毫升,每天2次,连注2~3天;②口服链霉素片水溶液,每只每次10万单位,每天2次,连服2~3天;③大蒜3份、花生油2份、硫磺1份,捣碎混合,每只灌服黄豆大1粒,每天两次,连喂1~2天;④隔离治疗病鸽,用20%石灰和5%来苏儿溶液对鸽舍用具、周围环境消毒;⑤每年进行1~2次禽出败疫苗注射,40日龄以上每只注射2毫升。

(二)球虫病

【病因】 球虫

【症状】 病鸽拉稀粪带血,有时呈现红褐色,大量饮水,体质瘦弱,死亡率高,解剖见全肠管发炎。

【防治】 ①对病鸽及时隔离治疗,并对鸽舍及饲料、饮水消毒;②口服中草药青蒿液,每只鸽1毫升,1日2次,连服2天;③口服磺胺二甲嘧啶,每天一次,每次半片(0.25克),连服3天。

(三)鸽副伤寒

【病因】 由沙门氏杆菌引起的常见传染病,本病易发于12月龄以内的青年鸽。在鸽子受凉、营养不良和卫生条件比较恶劣的情况下容易诱发。

【症状】 患病后,不愿活动,常独自呆立,精神忧郁、嗜眠,眼睑浮肿,鼻瘤失去原有色彩,羽毛粗乱、失去光泽,食欲减退或拒食,腹泻下痢,拉绿色或带褐色的恶臭稀粪,并含有未消化的饲料成分,泄殖腔周围的羽毛常被粪污染;急性病鸽2~3天内死亡,慢性病鸽长期腹泻、消瘦、翅下垂、步态蹒跚、打滚、头颈歪斜等;有的病鸽还出现呼吸困难,皮下肿胀等病状,该病发病率较高,死亡率高,防治复杂,应以预防和治疗相结合。

【防治】 ①改善鸽舍卫生状况,定期在饮水或饲料中投放抗菌素、维生素等;②新购进的鸽要拌料喂3~5天金霉素,含量0.04%~0.08%或肌注5万单位1只,每日一次;③病鸽要隔离治疗,病愈后的鸽不能作为种用,应予以淘汰;④鸽舍、用具、场地要彻底消毒。

【治疗方法】 ①严重者用卡那霉素,每千克体重10~20毫克;②用增效磺胺(复方敌菌净等)0.02%~0.04%拌料,按每千克体重30~50毫克喂服,一天2次,连用2~3天。

(四)鸽痘

【病因】 由痘病毒引起的传染性病毒病,通过接触传染,侵入皮肤或黏膜的伤口引起感染,另外蚊子和其他吸血昆虫叮咬是主要的传染途径之一,故发病季节多为每年7~9月份。

【症状】 病变多局限在眼睑、喙周、肛门、脚等皮肤裸露部位。在表面形成特殊的水疱或结节,由灰白色渐变成红润到深褐色的结痂,少数患鸽,病灶亦可出现在咽喉黏膜。健壮的成年鸽一般可自然康复,但乳鸽和青年鸽发病后的症状较重。

【防治】　预防本病的关键是加强管理,做好鸽舍的消毒和除蚊灭虫工作,当出现第一只鸽患此病时,要及时隔离和对鸽舍进行灭蚊、蝇等害虫。对黏膜型病鸽先用经消毒的剪刀等将痘痂剥去,取0.2%的高锰酸钾洗涤病变处,然后涂上紫药水或20%蜂胶酊涂擦,每天1～2次,连续3天左右。或对病鸽用病毒病辅助剂每羽1毫升肌内注射进行治疗。也可在春夏季节进行痘刺种免疫。

（五）鸽新城疫

【病因】　亦称鸽Ⅰ型副黏病毒病,为病毒性传染病(副黏病毒Ⅰ型病毒),通过污染的饲料、饮水、鸽具以及接触病鸽者的衣服鞋帽传染。

【症状】　初期症兆为羽毛蓬松、精神萎靡、食欲减少。呈阵发性痉挛,一翅或双翅下垂,脚爪麻痹,头颈扭曲,头后仰,排黄绿色水样粪便,肛门周围粘有粪便。也可见有呼吸困难,眼结膜炎或眼球炎,鼻有分泌物。解剖病变会发现脑充血,有少量出血点,实质水肿。食道和腺胃交界处有条纹状出血。小肠黏膜充血、出血,有溃疡灶、泄殖腔充血。肝脾肿大,肝有出血斑点,肾脏苍白肿大。诊断本病时注意与鸽副伤寒和鸽霍乱的区别,以及是否并发。

【治疗】　目前尚无特效药,只能肌注或皮下注射Ⅰ型副黏病毒灭活疫苗作预防,剂量每只0.5毫升,二次加强免疫。所以,预防本病要注重外来病原的侵入,必须从非疫区引进鸽种。

（六）鹅口疮

【病因】　是消化道真菌病,由酵母状真菌(白色念珠菌)引起的,故又称霉菌性口炎和念珠菌病。各种年龄的鸽子均可发生本病,但以童鸽居多而病情较重。鸽舍潮湿、阴暗污秽、食物发霉、器具不清洁以及外部损伤消化道黏膜是本病重要的致病因素。

【症状】　明显的临床表现有:口腔、咽喉部、嗉囊和食道的黏膜有假膜生成或溃疡,口腔唾液增多且浓稠,口气有臭味,嘴角附近生有黄色坚硬异物。患鸽常表现减食、精神萎顿、呆立少动、生长不良,可能出现下痢和消瘦。病变发现患病初期,口咽部的黏膜呈灰白色点,以后逐渐扩大连成斑块状,并突出于表面形成干酪样物质,后会蔓延到食道、嗉囊、肌胃等,斑状物(或假膜)极易剥落。

【防治】　对发病初期的病鸽,要及时加以护理和隔离,护理方法:把口腔、咽喉的假膜或干酪样坏死物轻轻刮掉,于溃疡处涂布碘酒或紫药水。同时口服制霉菌素,每只每次 10～15 毫克,每天两次,连饮用 7 天以上。同时用硫酸铜(1∶2 000 倍稀释)进行全群饮用,连用 3～5 天,可在一定程度上控制疾病的发生和发展。

(七)胃肠炎

【病因】　为普通病,采食劣质或被粪便污染的饲料,对鸽子饲养环境的改变、饲料更改等引起的应激反应,使鸽子肠胃发生紊乱。

【症状】　病鸽食欲差,腹泻拉痢,严重者粪便呈墨绿色或褐红色,肛门周围羽毛沾污粪便,亲鸽患此病时,会停喂乳鸽。剖检病变常见肠黏膜出血或坏死灶,肠腔充气,充满白色和绿色稀粪。肌胃角质膜剥落。

【防治】　供全价饲料,并配方稳定,限制喂食,鸽子从外地刚到时就常见此病发生。治疗方法:口服氟哌酸饮水,并配合使用消化药和健胃药。

(八)羽虱

【病因】　为体外寄生虫病,寄生于鸽体羽毛中。

【症状】　肉眼可见虫体,食鸽的羽毛或皮屑,羽毛易磨损和断裂,从而使其粗乱不整。

【防治】　定期消毒鸽舍、设备和用具,用 0.4%～0.5% 敌百虫溶液喷洒。

第二章　乌鸡

乌鸡又称竹丝鸡、武山鸡、乌骨鸡（*Gallus domesticus*）。江西"泰和"是中国乌鸡之乡，其正宗产地在泰和县武山汪陂涂村。它集药用、滋补、观赏于一体。为历代皇宫贡品。经检测含有 19 种氨基酸,27 种微量元素,具有保健、美容、防癌三大功效。

一、生物学特性

（一）分类及形态特征

乌骨鸡属于鸟纲、鸡形目、雉科、鸡属。白羽乌骨鸡主产区在江西泰和县、福建泉洲、厦门及闽南沿海地区。黑羽乌骨鸡为产于四川凉山州的金阳丝毛鸡及产于湖南黔阳的学峰乌骨鸡。

乌骨鸡体态小巧玲珑,结构细致紧凑,头小、颈短、脚矮,外貌奇特,姿势优美等,其白色丝羽乌骨鸡被定为标准品种。标准丝羽乌骨鸡的外貌特征可归纳为桑葚冠、缨头、绿耳、胡须、丝羽、五爪、毛脚、乌骨、乌肉和乌皮。

（二）生产习性

乌骨鸡初生重公鸡为 27 ~ 32 克,母鸡为 26.6 ~ 31 克;生长发育快,出壳至 13 周龄的乌骨鸡,体重为初生重的 10 ~ 30 倍。成年乌骨鸡体重是初生重的 33 ~ 40 倍。乌骨鸡消化能力相对较差。雏鸡的胃小,对粗纤维消化能力弱,日粮配合中,应以易消化、高营养、低粗纤维的饲料为宜。

乌骨鸡抗病能力差,易受各种疾病的危害。调节体温的能力也差,尤其是雏鸡,体小、娇嫩、易受环境条件影响。0 ~ 7 日龄的雏鸡,体温只有 39.8℃,比成年鸡低 1 ~ 2℃,既怕冷、又怕热。乌骨鸡反应灵敏,胆小怕惊,尤其是雏鸡,对外界反应极敏感,一旦受到吵声、杂音和其他特殊声响的刺激，就聚集到一起，相互骚动踏压，易造成死亡。乌骨鸡性成熟较晚，一般受环境、营养、出雏季节影响较大。雄鸡14～18周龄开啼，但是要到20周龄才能配种。雌鸡24～27周龄开产，31～33周龄才能到产蛋高峰。产蛋高峰期短，一般约为4周，最高产蛋率为65%。

（三）品种

1. 泰和鸡

又名丝毛鸡，医学上爱称乌骨鸡。根据其外貌某一特征给予的称呼则更是名目繁多，如：绒毛鸡、羊毛鸡、狮毛鸡、松毛鸡、白绒鸡、绢丝鸡、竹丝鸡、黑脚鸡、丛冠鸡、龙爪鸡、白凤鸡等；根据原产地又称武山鸡、泰和鸡。该鸡在广东、福建等省也有少量分布。

泰和鸡具有丛冠、缨头、绿耳、胡须、丝毛、毛脚、五爪、乌皮、乌肉、乌骨十大特征，故称"十全"、"十锦"。泰和鸡全身羽毛洁白无疵，体型娇小玲珑，体态紧凑，外貌奇特艳丽，真是风韵多姿，千娇百媚，惹人喜爱，在国内外享有盛誉，尤其以药用、滋补、观赏闻名于世。泰和鸡外貌十大特征齐全，遗传性能稳定，品质纯正，是世界稀有珍禽，是我国宝贵的品种资源，曾是历代进贡皇室之珍品，现已列为国际标准品种。

成年公鸡1.3～1.5千克，成年母鸡1.0～1.2千克。公鸡性成熟日龄150～160天，母鸡性成熟日龄170～180天，年产蛋100枚左右，蛋重40克左右，蛋壳呈浅白色。

2. 余干乌黑鸡

因原产于江西省余干县而得名，属药肉兼用的地方品种。余干乌黑鸡饲养历史悠久，据考证，早在秦代，番阳（今鄱阳）令吴芮，就在余干县邓墩乡五彩山下养有乌鸡。其主要特征是：全身乌黑，羽毛、皮、肉、骨、内脏均为黑色，尤以药用价值而著称，经中国科学院遗传研究所血型因子测定，与泰和鸡及其他乌鸡的类型不同，具有突出的特点，是一个独特的优良乌鸡品种。该鸡现已由江西省农业科学院畜牧研究所培育提纯。

成年公鸡体重 1.5 千克左右,母鸡 1.1 千克左右,行动敏捷,善飞跃,觅食力与抗病力强,适应性广,饲料消耗少。性成熟日龄公鸡 60~80 天,母鸡 180 天左右,年产蛋约 150 枚,蛋重约 50 克,蛋壳呈粉红色。

3. 中国黑凤鸡

黑凤鸡早在 400 多年前我国就有饲养,后来在我国濒于灭绝。从 20 世纪 80 年代起国外又相继开始培育此种鸡,但终因遗传不稳定,未能形成规模。90 年代,广东省从国外引入该鸡,经过几年的纯种繁育,目前合格率已达 90% 以上。黑凤鸡完全具备了丝状绒毛、丛冠、缨头、绿耳、五爪、毛腿、胡须、乌皮、乌骨、乌肉十项典型特征。该鸡抗病力强,食性广杂,生长快。成年雄鸡体重 1.25~1.5 千克,成年雌鸡体重为 0.9~1.8 千克,开产日龄为 180 天,年可产蛋 140~160 枚,就巢性强。此种鸡也具备药用功能。

4. 山地乌骨鸡

山地乌骨鸡生长在四川南部与滇北高原交界地区,主要分布在四川兴文、沐川及云南盐津等地,是靠自然选择形成的。属药、肉、蛋兼用的地方良种。该鸡的冠、喙、髯、舌、皮、骨、肉、内脏(含脂肪)均为乌黑。羽毛为紫蓝色黑羽居多,斑毛及白毛次之。成年雄鸡体重 2.3~3.7 千克,雌鸡 2.0~2.6 千克。雄鸡性成熟的日龄为 120~180 天,雌鸡开产的日龄为 180~210 天,年平均产蛋 100~140 枚,就巢性强,年就巢 7 次左右。

二、鸡舍的建设与饲养方式选择

鸡舍应建在放养地中心地带向阳平地上,建材可因地制宜、就地取材,木材、毛竹、塑料、油毛毡、帆布、草帘等皆可。搭建一座座由北朝南的简易鸡舍,以金字塔或大棚形为好,南边敞门,鸡舍边缘高 1.5~2 米,舍顶高 2~2.5 米,地面平整、压实、铺垫料。鸡舍要求保温、挡风、不漏雨、不积水。鸡舍内每平方米可容纳 8~10

只鸡。同时在鸡舍外设置运动场,面积为鸡舍的 2 倍以上。要求栽种树木,搭休息棚,防晒、防雨;安装料槽和饮水器。

清除鸡舍内所有异物,包括鸡粪、垫料、水槽、饲槽、育雏网等,清扫地面和墙壁,更换垫土,然后关闭门窗,进行熏蒸消毒,按每平方米用福尔马林 30 毫升、高锰酸钾 15 克的比例混合使用,密封 24 小时后再打开通风。

全进全出饲养法。平面散养,中间更换垫料 1 次。根据房舍面积确定饲养量,全进全出(或短时售完),销售以批发为主。售完后消毒,空栏 1 周再进行下一批饲养。

分隔分段饲养。使用 2 间或多间相对独立的房舍,1 间作为育雏舍,1 间作为生长舍。第 1 批育成,全进全出(或短时售完),销售以批发为主。售完后消毒空栏 1 周左右,再进行下一批饲养。

以零售为主的分隔分段饲养。使用 3 间或多间相对独立的房间,分为育雏舍、前期生长舍及后期生长舍,面积比为 1∶2∶4。育雏 25 ~ 30 天转群至前期生长舍,转群后消毒空栏 1 周以上,再进行育雏;前期饲养 30 天转群至后期生长舍,转群后消毒空栏 1 周左右,循环饲养;后期饲养 20 天左右开始上市销售,以零售为主,售出鸡体重每羽应达到 1 千克以上,10 天左右售完,20 天后达不到销售体重的整鸡废弃,空栏消毒,为转群作准备。如此循环饲养,批次饲养量为日均销售量的 20 倍。

三、乌鸡的配种及繁育

(一)选种

在种鸡群选种时,先进行外貌鉴定,要求"十全",再选优良个体,并根据个体生产性能及其系谱资料而定,无论公、母鸡均要求具有本品种的性状,公鸡雄性特征明显,对种母鸡的选择要严格,以产蛋多、换毛快、就巢性弱为佳。

（二）种蛋的选择

应选自开产后第二年健康母鸡所产的蛋。若在当年母鸡产的蛋内选择，则初产的前 10～15 个蛋不宜作种用。种蛋要选个大（45 克以上）、蛋壳厚薄适中、红褐色、无斑点、光滑无皱纹、椭圆形的新鲜受精卵。种蛋保存在适当的容器内，置避光阴凉通风处。种蛋随着保存期延长，而降低孵化率。

（三）分群饲养

成年鸡产蛋前分群饲养，公、母比例：户养 1∶（5～10），鸡场 1∶（8～10）。受精率为 82%～85%，一般公鸡 6～7 月龄即可配种，母鸡以二年生为好，因产蛋量已达到标准。母鸡可利用 3～4 年。

（四）孵化育雏

每年在春、秋季孵化育雏，以春孵为主。因乌骨鸡抗寒性差，故不宜冬孵。群众采用母鸡孵化、自孵自养。自然孵化可选 1.5～2.0 千克本地土种就巢母鸡，每窝抱蛋 15～20 只。在孵化后第 7 天和第 15 天，分别照蛋一次，孵化期 21 天，自然孵化成活率高。孵化期内，如就巢鸡不愿离窝采食，就要轻轻抱出，让它采食、饮水、活动、排粪，经 10～20 分钟送回窝内。如遇天冷，要注意孵蛋保温。

出壳后的雏鸡在孵育期间，每天早、晚定时饲喂和供给清洁饮水，喂以半熟的碎米和新鲜青菜叶，天然育雏 30～40 天。雏鸡最怕风吹、潮湿和寒冷，要注意干燥和保温。阴雨天时要帮助就巢鸡将雏鸡赶进屋内。出壳两周内，要给以全价饲料，防止饮水过多，保证青饲料的供给，同时保持环境卫生，预防疾病。

（五）抱窝性

乌骨鸡的抱窝性特别强，一年中要抱 6～7 次，每次要抱 10～30 天，因此它的产蛋量也特别少，一般年产 70～80 枚，严重影响它的种群繁殖。怎样方能使它快速醒抱呢？用丙酸睾丸素对懒抱母鸡苏醒最有效。方法：一般以肌注 1/3 毫升为宜，注射一次醒抱率均在 98% 以上，只有极个别久抱入迷，可作第二次注射（剂量同第一次）即可醒抱。母鸡醒抱后，一般隔 14～21 天可恢复生蛋。

四、饲养和管理

合理掌握乌骨鸡生长时期的密度,可使乌骨鸡避免浪费饲料,提高生长速度,提高肉料比,增加乌骨鸡养殖的经济效益。乌骨鸡生长时期的密度,一般是 1～10 日龄,密度为 40～50 只/平方米;10～20 日龄,密度为 30～40 只/平方米;20～30 日龄,密度为 25～30 只/平方米;30～60 日龄,密度为 20～25 只/平方米;60～90 日龄,密度为 15～12 只/平方米。

(一)育雏期

育雏期为 0～8 周龄,育雏期的饲养管理是关系乌骨鸡生产成败的关键时期,其主要任务是提高雏鸡成活率和前期增重。

1. 健康的雏乌骨鸡大小均匀,绒毛富有光泽,眼大有神,蛋黄吸收好,脐环平整,没有血迹,活泼好动,叫声响亮,握在手中有弹性,挣扎有力,肛门干净,无粪便粘附。乌骨鸡体型小,对温度要求比较高。1～4 日龄应在 36～37℃,5～8 日龄 34～35℃,以后每周降 2℃,5 周龄后保持在 23～25℃。在保持室温的同时,注意通风换气,保持室内空气新鲜,避免呼吸道病的发生。

2. 育雏室内相对湿度,第 1 周为 65% 左右,以后 55% 左右,以人感到湿热合适、不干燥为宜。如果湿度低,应用喷雾器喷水;湿度高时应加强通风和升温。

除使用温度计外,还要学会"看鸡施温"。温度适宜雏鸡活泼好动,食欲旺盛,睡眠安静,鸡群疏散,均匀俯卧。温度过低雏鸡易拉稀感冒,互相挤压,层层扎堆;温度过高雏鸡张嘴喘气,远离热源,精神懒散,食欲不好,大量饮水。

3. 饮水开食,雏鸡进舍后休息 1～2 小时及时饮温开水,温度 20℃ 左右为宜,1 升水中加葡萄糖 50 克,补液盐 1 克,然后再饮用 0.01% 的高锰酸钾水 1 次。饮足水后即可开食喂料,6～7 次/每天。开食先用半熟碎米再用小鸡配合料。喂食量以 20 分钟左右吃完为宜。2~4周龄后改为饲槽喂料,喂料采取少喂勤添,喂八成饱为原则,第1周每天喂6~7次,1周后5~6次,随光照时间缩短,逐渐减少喂料次数。可自己配雏鸡饲料,配方是:玉米55%、高粱5%、麦麸4%、大麦5%、鱼粉9%、豆粕16%、槐叶粉3%、骨粉2.5%、食盐0.37%、多种维生素0.05%、蛋氨酸0.08%。无论喂哪一种饲料,开始3~5天,饲料必须加0.2%新诺明,或在饮水中加氧氟沙星等广谱抗菌药物,控制鸡白痢病的发生。乌骨鸡与其他鸡种的不同之处就是先天性的白痢病特别严重,所以在育雏期药物要相互交替使用,不得间断,用塑料布喂3~5天后要逐渐换上小木槽或塑料槽,白天3~4小时喂一次,晚上4~5小时喂一次,总之要保持不断水、不断料。

4. 为防止相互间的啄癖和减少饲料浪费,在7~10日龄用断喙器切掉由喙尖至鼻孔长度的一半,下喙剪掉1/3。也可在20日龄,对断喙不彻底的再进行断喙。同时饮水中加入维生素K_3、电解多维,以减少出血和应激。

(二)育成期

乌骨鸡的中鸡分种用中鸡和肉用中鸡。其中种用中鸡是指脱温饲养至开产前这一生长阶段的育成鸡,即9~25周龄阶段;肉用中鸡是指脱温饲养到上市阶段鸡,一般要求60~150日龄,体重0.8~1.2千克,即可供制药厂和外贸出售。要求供应全价日粮增加采食量,提高出栏率和商品率。肉用鸡一般采用平养。凡不留作种用的均可转入商品鸡群。饲喂较高能量和较高粗蛋白质水平的日粮,自由采食,使之能在100~150日龄上市时,肌肉丰满而且体内贮备一定脂肪。下蛋用的种用中鸡主要采用栅栏饲养或放牧饲养。

1. 分群

育雏结束,生长速度明显加快,饲养管理人员应随时进行强弱、大小、公母分群。分群最好在夜间或早晨进行,并在饮水中加入多维素以防产生应激。这时的密度控制在8~10只/平方米。留着产蛋或种用的到120日龄时,转入产蛋鸡舍。若到开产时才转群,易产生刺激,影响产蛋率。转群应在傍晚进行,尽量保持安静。

2. 饲料供应

雏鸡进入育成期,日粮将由原来的雏鸡料换喂中鸡料和大鸡料。为减小由于饲料更换带来的应激,必须注意饲料的过渡,不能突然改变。过渡期一般为 3～5 天,具体方法是:第 1～4 天日粮由过渡前料和过渡后料组成;但逐渐增加过渡后料比例,第 5 天完全改为过渡后料。出栏前 20 天喂大鸡料,停止用药,杜绝药物残留。

种鸡供给全价日粮,可喂粉料也可喂粒料。在喂料时,放料量限制在饲槽容量的 2/3 左右,以免鸡扒出,造成浪费,每天喂 3～4 餐为宜,冬天夜间可加喂 1 餐。适度光照,每天光照 14～16 小时,光照强度为 15 平方米 40 瓦,最好早晨 5:00 开灯,日出后熄灯。傍晚开灯至 22:00 熄灯。舍温应保持 13～25℃,保持舍内安静,运动场内设砂盆或砂池,让鸡自由采食砂粒和砂浴,既可防皮肤病又可增强消化机能。

3. 捡蛋

中鸡转入产蛋鸡舍前,应先把产蛋箱放在种鸡舍内,乌骨鸡胆小,不宜用集体产蛋箱,应采用小间隔的产蛋箱,产蛋箱要均匀地放置在光线较暗、通风良好和安静的地方。

4. 做好冬、夏季管理

夏季气候炎热,而鸡无汗腺,又被覆羽毛,抗热性差,易给鸡群造成强烈的热应激,使肉鸡表现采食量下降、增重慢、死亡率高。因此,夏季管理的要紧事就是防暑降温。在鸡舍设计建设过程中应该考虑到这个问题,使鸡舍朝向合理、间距开阔,以利于减轻夏季太阳的辐射,通风换气良好。鸡舍周围种植枝叶茂盛的树木或藤蔓类植物以利鸡舍遮阳,也可减轻热辐射。屋顶隔热性能差的鸡舍,可以采用屋顶刷白减少吸热、加厚或屋顶喷水促进散热的办法降低舍温。

调整日粮结构和喂料方法,供给充足的饮水。在育肥期,如果气温超过 27℃,则采食量明显下降。可在原来日粮营养水平的基础上,把蛋白质含量提高 1%～2%,多维素增加 30%～50%,保证日粮新鲜。为减轻热应激,可在饲料中适当添加抗应激药物。如每千克日粮中添加杆菌肽粉 0.1～0.2 克;当舍温高于 26℃ 时,在饮水中加入适量维生素 C,或 0.3% 小苏打,或 0.5% 氯化铵,或 0.1% 氯化钾等。

冬季管理的关键是防寒保暖、正确通风、降低湿度和有害气体含量。舍顶隔冷差时,要加盖稻草或塑料薄膜,窗户用塑料薄膜封严,调节好通风换气口,在温度低时要人工供温。要经常更换和添加垫料,确保干燥。由于冬季鸡的维持需要增加,因此必须适当提高日粮的能量水平。在采用分次饲喂时,要尽量缩短鸡群寒夜空腹的时间,要经常检修烟道,防止煤气中毒和失火。

产蛋鸡的饲管:母鸡在 6.5～7 月龄开始产蛋,6 月龄后公母按 1:(10～12)混合饲养,应定时定量饲喂,每日喂 3 次,日喂料量 70 克左右。

(三)育肥期

乌骨鸡的育肥期为 60 天;90 日龄均重达 800～1 000 克/只,耗料 2.5～3.0 千克,饲养管理上应注意以下几点:

1. 鸡舍消毒准备

脱温鸡可采用平养和笼养两种方式。进鸡前应对鸡舍用菌毒故 400 倍液或氢氧化钠溶液(2%～5%)彻底消毒;食槽、饮水器应清洗干净备用;铺好垫料,平养鸡舍每千只鸡需占地 80 平方米,饮水器 7 个。食槽应充分满足鸡采食需要。

2. 饲喂

脱温鸡最好采用商品化中鸡料,或自配饲料(玉米 66.2%、豆粕 28.7%、国产鱼粉 1.3%、石粉 0.4%、骨粉 1.8%、食盐 0.3%、植物油 0.3%、1% 的复合添加剂包括维生素、微量元素和蛋氨酸、赖氨酸等,可从市场上购买。保证达到配方中含代谢能 3.1 兆卡/千克,粗蛋白 19%)。前期日喂 4 次,后期可改成 3 次,饲喂量应以鸡每次吃完为原则,一般 30～60 日龄平均每只鸡每天耗料 45 克,60～90 日龄 55 克,同时,注意饲料不要发霉变质。一般以 15 天购(配)饲料一次为宜。

3. 日常管理

定期对食槽、水槽清洗消毒。注意观察鸡群的精神状态，食欲和粪便。早晨，鸡只精神活泼，嗉囊空虚，粪便颜色正常，干稀适度，则视为正常。若精神不振，嗉囊饱满；粪便过稀，颜色异常，则可能是消化不良；粪便内带有血丝或血便，可能是患球虫病，应即时查明原因，对症治疗。

4. 温度

商品乌骨鸡适宜温度 20~22℃，夏季要加强通风、降低饲养密度；冬季注意防寒保暖，关好门窗，防止贼风进入。

五、乌骨鸡疾病防治

乌骨鸡疾病与一般鸡相同。但因乌骨鸡身体娇弱，抵抗力差，要认真做好防治工作。常见疾病有新城疫、禽霍乱、鸡痘、鸡白痢、曲霉菌病及球虫病等。新城疫的预防为雏鸡 7~8 日龄时，用新城疫Ⅱ系疫苗滴鼻或滴眼，28 日龄时再重复接种疫苗 1 次，50~60 日龄再用新城疫Ⅰ系疫苗肌内注射，如新城疫发病突然，应立即用新城疫Ⅰ系疫苗加 1~3 倍剂量肌内注射，一般 4 天后病情可得到控制；禽霍乱主要在于预防，发病时可按饲料量的 5% 加入土霉素或复方敌菌净饲喂，也可用 2 万单位青霉素及 3 万单位链霉素肌注；鸡痘防治方法是在翅前刺种鸡痘疫苗，可在 7~8 日龄接种新城疫Ⅱ系苗时同步进行，病鸡喂给 0.2% 的甲紫溶液有治疗效果；曲霉菌病主要侵害幼鸡，患病鸡，内服缓泻药，投给 1% 的单宁酸溶液或硫酸钠溶液作饮水，也可用霉菌素，100 千克饲料加入 800 万单位，连用 3 天；雏鸡白痢一般的防治措施为严格消毒，用 1% 福尔马林溶液处理 2 小时或熏蒸，治疗可用复方敌菌净按每 100 千克饲料 50 克拌入投喂，均连用 3~5 天。

第三章　火鸡

火鸡,即吐绶鸡。传说养火鸡可消除火灾,故得名"火鸡"。火鸡原产于北美洲东部和中美洲,本为野生,后经人工驯化饲养。在动物分类学上,火鸡属鸟纲,鸡形目,吐绶鸡科,吐绶鸡属。

一、火鸡的生物学特性

(一)外貌形态

火鸡体型比家鸡大 3～4 倍,长 800～1 100 毫米。雄鸟体高约 1 000 毫米,雌鸟稍矮。嘴强大稍曲。头颈几乎裸出,仅有稀疏羽毛,并着生红色肉瘤,喉下垂有红色肉瓣。背稍隆起。体羽呈金属褐色或绿色,散布黑色横斑;两翅有白斑;尾羽褐或灰,具斑驳,末端稍圆。脚和趾强大。

全身被黑、白、深黄等色羽毛。头、颈上部裸露,有红珊瑚状皮瘤,喉下有肉垂,颜色由红到紫,可以变化。公火鸡尾羽可展开呈扇形,胸前一束毛球,母火鸡重为 8～9 千克,年产火鸡蛋 50～80 枚,每枚蛋重 20～80 克。

(二)生长特点

1. 它生长快,耐粗饲(可采食 30%～40% 的青草),饲料报酬高,料肉比(2.5～2.7):1。

2. 适应性广,抗病力强,可在平原、山区、半山区,进行舍养或放牧饲养,房舍及设备用具简单,既可集约化饲养,又可庭院放养。

3. 肉质好,脂肪少,瘦肉率高,胆固醇含量最低,蛋白质高,是畜禽中生产蛋白质的佼佼者。

4. 饲养火鸡投资少,见效快,覆盖广,效益高,房舍及设备用具简单,基建投资少,对鸡舍条件和管理水平要求不高,因为它对环境适应能力强,食性广泛,耐粗饲,有采食草、昆虫等特点,用工不多,既能利用闲散劳力,又能充分利用农作物秸秆、树叶、杂草、瓜果、菜类,变草养资源优势为商品经济优势,是我国新兴的一个草食节粮型的特种养殖业。

(三)火鸡的品种

1. 美国尼古拉白羽宽胸火鸡

是美国人利用美国东部的黑色火鸡和西南部的花色火鸡(成年公火鸡体重为7千克左右,母火鸡为3.6~4.2千克)反复选育,经过自繁和杂交培育成功的。经历了40多年的精心培育,该品种现已占美国国内火鸡生产量的75%左右,是世界上著名的大型火鸡品种,远销30多个国家和地区。该品种成年公火鸡体重可达20~22千克,母火鸡可达9~11千克。该品种肉火鸡上市屠宰时平均体重10千克左右,料肉比为2.8:1,屠宰率85%以上。平均蛋重85克,种蛋受精率80%~90%,受精蛋孵化率80%左右,210日龄成熟开产。

2. 加拿大海布里德火鸡

该品种是加拿大海布里德火鸡公司提供的白羽宽胸火鸡,分为大、中、小3个品系。大型品系接近尼古拉火鸡的性能。

3. 青铜火鸡

原产于美洲,曾是世界上分布最广的火鸡品种,羽毛与野生火鸡接近。羽毛暗黑色,颈部羽毛为青铜色,背部有黑色条纹,翅膀末端有黑斑,尾羽末端有白边。成年公火鸡体重16千克,母火鸡8千克。

4. 贝茨维尔小型火鸡

是美国贝茨维尔研究中心育成的著名小型火鸡品种。商品火鸡14~16周上市,上市时公、母火鸡平均体重3.5~4.5千克。成年公火鸡体重14千克,母火鸡可达8千克。该品种具有早熟、饲养适应性强、生长快、肉质鲜美、产蛋多等优点,很受美国、加拿大和欧洲人的欢迎。

二、火鸡舍的建造

应根据当地的具体环境条件,从实际出发,根据火鸡生长发育的具体要求选择。注重火鸡生产的适用性、经济性和环境清洁卫生。除了通常我们所强调的地势高燥、排水良好、水电条件之外,还应该考虑到:第一,火鸡因生理特点受疫病侵害较多,在火鸡场的建造中需要利用地形地势、风向、绿化等行之有效的鸡舍环境。第二,远离其他养禽场。在一些条件较差的农村,必须把火鸡场建在其他养禽场的上风头,尽量避免空气和粪便的污染。第三,火鸡属神经质动物,对突然的声、像、动作变化易受惊扰,往往会炸群。幼小时的火鸡因惊吓会向一处拥挤,造成压死火鸡的现象。较大的火鸡会因惊吓发生歇斯底里或造成内伤出血而死亡。种火鸡则影响产蛋。为此,在场址选择和环境规划时要注意避免上述的应激因素。合理建造火鸡舍和添置各种设备,为其创造良好的饲养条件是养好火鸡的先决条件。在建火鸡舍时要认真考虑到火鸡体温高,代谢旺盛这一生理特点和对光线敏感,对光照的控制要求严格等特点。饲养肉用商品火鸡可建造半密闭式鸡舍或简易棚舍。半密闭式火鸡舍的前侧,除门以外应采用半截墙,墙上是通栏窗户,并用铁丝格网封住。这样既可以保持良好的通风和光照,又可防野兽和鸟类进入。在窗外安装塑料卷帘,可以起到保温、通风、控光、防雨等作用。饲养量较大的火鸡舍,要安装通风装置,调节室内温度和空气。

建造简易棚舍,如用石棉瓦做顶,夏季由于暴晒,棚内温度过高,冬季又不能保温。所以,还应根据季节变化做好防暑和保温工作。在冬季较寒冷的地区,应建造全密闭式火鸡舍,这种舍的房顶不宜过高,舍内必须安抽风机,以确保冬季防寒保温,夏季通风换气降温。

三、火鸡的饲料

雏火鸡1个月龄内的饲料配方为:玉米粉48%、小麦粉5%、淡鱼粉18%、花生麸粉26%、麦麸2%、钙粉0.5%、生长素0.5%。

成年火鸡的饲料配方为:玉米粉47%、小麦粉或稻谷粉13%、花生麸粉9%、鱼粉11%、细糠(麸)18%、钙粉1.5%、生长素0.5%。产蛋母火鸡在产蛋期日粮中的蛋白质含量为18%~20%,并需增多精饲料、青绿饲料和钙质。

育肥火鸡的饲料配方为:玉米粉40%、花生麸粉10%、碎米粉20%、细糠(麸)15%、木薯粉13%、钙粉1%、食盐0.5%、生长素0.5%。

四、火鸡的饲养管理

(一)雏火鸡的饲养管理

1. 育雏方式

初出壳的火鸡身体较弱,不爱活动,体内卵黄吸收慢,需1周左右才可吸收完,出壳后雏火鸡育雏的饲养方式通常有地面育雏、网上育雏、笼养育雏和鸡体育雏。

(1)地面育雏　在平地上铺垫1~2厘米厚的锯末或碎草等垫料。每个育雏器可养300只1~5周龄雏火鸡,每平方米面积可养10~20只,6周龄以上需逐渐降低饲养密度。

(2)网上育雏　通常用14号铁丝焊接成铁丝网,网眼以1.5厘米×1.5厘米为宜,网上育雏密度可比地面育雏增加1/3。用该法育雏能使雏火鸡不与粪便直接接触,这样既卫生又可防病。

(3)笼养育雏　育雏笼可用钢筋柱或木柱,笼壁可用铁丝网制成,铁丝网眼同网上育雏网眼,可叠放2~3层。每平方米面积可饲养10日龄雏火鸡30只,11~30日龄雏火鸡20只,用该法育雏可以提高育雏舍的利用率。

（4）鸡体育雏　少量饲养雏火鸡时,由母火鸡或土种母鸡带育可以保温,能提高雏火鸡饲养的成活率,但育雏数量少。

2. 饲喂与饮水

初生火鸡体内卵黄吸收慢,需1周左右才能吸收完。出壳后的最初几天采食较少,消化能力较差,需要精心喂养,如果饲料调制不当,则易引起消化紊乱而导致死亡。雏火鸡一般在出壳后24～48小时内开食,饲料日粮要求高蛋白、高能量,青饲料也要求是有辛辣味的饲料。火鸡开食前需要进行调教引食,第1周终日给食,第2周改为定时给食。开食的前3天只喂食煮熟的鸡蛋黄,以后可喂食熟全蛋。也可以一开食就用切碎的韭菜炒蛋喂给,一般1枚鸡蛋可供7～8只雏火鸡吃1天。1周后可改用淡鱼粉、虾粉拌料调喂,或用粪蛆、蚯蚓及虫类代替。饲料日粮粗蛋白含量应为24%～26%,还需供给矿物质和各种维生素。青饲料以含辛辣味的葱、大蒜叶和韭菜等为主,以增进食欲、帮助消化、抑制细菌。1～9日龄火鸡每天喂6次,10～30日龄每天喂5次,在夜间加喂1次,雏火鸡1月龄后可饲喂配合饲料,每天喂4次。雏火鸡15日龄后可训练放牧,以增强体质,利于生长发育。开始时每天仅放牧30～60分钟,以后逐渐延长放牧时间,放牧时要防止日晒雨淋,选择阴凉天气放牧为宜。雏火鸡出壳后,腹部卵黄还未吸收完,这时饮水能加速卵黄的吸收利用。因此,雏火鸡进育雏舍后应先饮20℃的清洁水再喂料。食槽和饮水器要呈长条状,口要窄些,这样雏火鸡只能采食和饮水,不会踏入脏物,可保持清洁卫生。

3. 雏火鸡饲养的关键

在于加强管理,雏火鸡出壳后的第1天宜在孵窝中度过,第2天移到雏箱。育雏火鸡的室温要比一般家鸡略高,在第1周内育雏温度要求保持在32～35℃,以后每周下降3℃左右,1月内不低于20℃,直到可以脱温为止。如无电器设备的鸡舍可用火炉供温,但要有防护罩。要经常观察雏火鸡的动态,如发现张口扩翅,表示其受热,应加强通风;如拥挤打堆,并不断发生轻微叫声,则表示其受冷,要及时提高室温。雏火鸡1周龄的室内相对湿度为65%～70%,这种湿度有利于卵黄吸收;从第2周龄以后,室内相对湿度应保持在55%～60%为宜。火鸡怕潮湿,如果育雏室地面过湿,可垫些清洁禾草、刨花木屑或谷壳,以起到防潮、防污染和保暖的作用。由于初出壳的雏火鸡视力弱,1～4日龄应全天光照,5日龄以后可逐渐减少到14小时光照,并逐步接近自然光照。因育雏室内雏火鸡代谢旺盛、呼吸快,易散发大量二氧化碳,加之雏火鸡所食饲料特殊,排出的粪便及潮湿垫草散发出的臭气,会使室内空气不断受到污染。因此,要及时通风换气,以保持室内有足够的新鲜空气。

由于雏火鸡有在栖架栖息的习惯,3～4周龄的雏火鸡即可开始上栖架栖息。栖架设在育雏舍的后部,离地30厘米,每只雏火鸡应有10～15厘米的栖架位置。此外,还应注意将鸡舍建在高燥向阳处,并加强卫生管理,每隔2天喂饮万分之一高锰酸钾溶液1次,可预防球虫病、白痢病、消化不良等疾病。育雏室还需安设纱帘以防蚊叮和鼠害。

(二)成年火鸡的饲养管理

雌火鸡8周龄、雄火鸡10周龄时进入育成期。这个饲养阶段,饲料能量水平要适当提高,以植物性饲料为主,多喂含碳水化合物的谷物饲料,应适当降低蛋白质水平(一般降至15%～18%)。成年火鸡可饲喂配合饲料,如果没有条件供给较高的标准饲料,也可喂些青菜拌粗糠,但火鸡生长发育较慢,尤其要喂火鸡喜欢吃的葱、大蒜和韭菜等具有辛辣味的特殊饲料,可以增加食欲、防止疾病。有草地放牧条件的鸡舍,也可在白天放牧、晚上补饲。如果是舍饲圈养的,每天饲喂3～4次,并按饲料量加喂1%～2%砂砾,以帮助火鸡肌胃消化食物,也要每天放到舍外活动1～2小时。由于火鸡有群居和胆小易受惊吓的习性,应采取以群鸡放牧为主,放牧和喂食时应保持环境安静,以免发生骚动而影响其采食和产蛋,同时要供给足够的清洁饮水和充足的光照。火鸡舍要定期消毒,并要求保持舍栏的清洁卫生,排出的粪便必须随时清除干净。

(三)产蛋期的饲养管理

雌火鸡长到 7 月龄、雄火鸡长到 9 月龄时性腺发育成熟。雌火鸡从 34 周龄开始进入第 1 个产蛋周期,为了促使雌火鸡多产蛋,则需要较多的营养物质和钙质。饲料日粮中蛋白质含量应维持在 18% ~ 20% 的水平,要喂足质量较好的精饲料和青饲料。为了避免火鸡的软骨病和产软壳蛋,产蛋期应增补 7% ~ 8% 的钙质。饲喂时,应保持环境安静,防止因声、光等刺激而引起火鸡骚动不安进而影响其采食和产蛋。此外,充足的光照对雌火鸡产蛋影响很大,产蛋火鸡要求每天不少于 4 ~ 8 小时的光照时间,冬季可用电灯照明补充光照,按鸡舍面积每平方米 2.5 ~ 3.0 瓦为宜,电灯泡悬挂在距地面 1.8 ~ 2.0 米处。产蛋母火鸡的抱窝性极强,每产 10 ~ 15 枚即自行孵化。如果产蛋不是用于抱蛋,为了促使母火鸡多产蛋,可采取使其醒抱措施即可立即醒抱。醒抱的方法一般拆掉其产蛋窝,连续驱赶几天,或内服麻黄碱、去痛片,最好是胸肌注射丙酸睾丸素,催醒效果较好。火鸡生长到 69 周龄以后进入第 2 个产蛋期,火鸡在产蛋期要求高能量、高蛋白质的饲料,并在饲料中拌些葱、蒜叶和韭菜等,可增加食欲,帮助消化和防止疾病。第 2 个产蛋期以后,火鸡的产蛋和受精能力显著下降。为了提高经济效益,可作为商品火鸡饲养到 8 ~ 9 月龄后上市出售。

(四)雄火鸡的阉割育肥

雄火鸡养到 6 ~ 7 月龄即可阉割育肥。阉割的方法与一般公鸡相同。阉割后的雄火鸡可同雌火鸡合群一起放牧和饲喂,但以单独笼养育肥增重较快。

1. 饲喂配合饲料

笼养育肥火鸡由于其活动范围受到限制,食欲较差,应选择容易消化的高能量饲料,如以玉米粉、碎米粉、细糠、木薯粉等含碳水化合物的饲料为主的配合饲料。在育肥期间不宜喂鱼粉,以免火鸡肉带有腥味。此外,在饲料日粮中加入 1% 砂砾,以助消化,从而提高饲料的消化率。育肥期间熟料比生料效果要好,但要补给青饲料和辛辣味蔬菜。一般每日喂 3 次,应定时定量。如果在饲料中加入适量抗生素,如土霉素及复方维生素 B 等,有显著的催肥作用。同时要供给充足清洁的饮水,并注意经常更换,以保持饮水清洁卫生。

2. 笼舍要求

要求建在高燥向阳的地方,饲舍内光线较暗而空气流通。要求室温保持在 18～25℃,室温过高或过低都会增加火鸡的热能消耗。

3. 加强卫生管理

为了预防疾病,必须随时清除粪便,食槽和饮水器均应放在笼外,以防饲料和饮水受到污染,并要经常对鸡笼、饲槽和饲水器等用具进行消毒。育肥前还要进行驱虫,按每千克体重用驱蛔灵 200 毫克拌料喂给,驱虫效果很好。

五、火鸡的疾病防治

(一)新城疫

新城疫是副黏病毒感染禽类而呈毁灭性流行的一种败血性传染病,无疑,一群尚未使用疫苗免疫的火鸡,一旦发生本病,其发病率和死亡率几乎为 100%。

【症状】　火鸡新城疫的主要症状为神经机能紊乱,如运动失调,头向后仰,盲目后退,转圈及角弓反张等。病程短者仅 4 小时,长者也不足 24 小时,死亡率 100%。腺胃乳头及乳头间常见出血点、嗉囊积液及呼吸道出血。神经症状典型病例脑膜充血、出血。全身浆膜、黏膜出血等败血症变化。

【防治】　免疫接种。免疫程序为:7 日龄用鸡新城疫Ⅱ系疫苗滴鼻;2 月龄后以Ⅰ系疫苗肌内注射。为避免卵黄抗体的干扰,3 日龄内用 4 倍剂量的Ⅱ系疫苗滴鼻,效果很好。已发生新城疫时,一次注射含新城疫抗体的高免卵黄液,1～2 毫升/只,效果理想。

（二）禽霍乱

禽霍乱是由多杀性巴氏杆菌引起的多种家禽急性、热性、败血性传染病，成年火鸡最易感。

【症状】 病初，火鸡多呈最急性经过，难以见到症状而突然死亡。随后表现精神沉郁，羽毛松乱，翅下垂，腹泻和严重的呼吸困难，口、鼻流出多量的黏液等急性期症状，经 1～2 天死亡。

病理观察见口腔、咽喉积聚黏液，全身黏膜、浆膜及脏器出血，十二指肠更显著。肺严重淤血水肿。所有病例均可见肝脏表面及深层布满多量粟粒大小的灰白色坏死灶。

【防治】 可肌注青霉素 5 万～8 万单位/只，每天 2 次。免疫可选用禽霍乱氢氧化铝甲醛苗或 833 禽霍乱弱毒苗，无论大、小火鸡一律注射 2 毫升/只，后者用生理盐水稀释，皮下注射。1 亿～0.2 亿菌/只，均有较好的免疫效果。

（三）曲霉菌病

曲霉菌病是育雏期火鸡多发病之一，本病由曲霉菌侵害呼吸器官，并形成特殊肉芽结节的一种真菌性疾病，幼火鸡发病率高，死亡严重，特别是天气寒冷的早春，若饲养密度大，垫草长期未换，室内通风不良，往往在孵化室或育雏室内呈暴发式发生。

【症状】 据曲霉菌病雏火鸡临床病例观察，发生曲霉菌病雏火鸡多呈急性经过。主要症状为食欲减少或废绝，体温升高，呼吸极度困难，下痢，并很快呈麻痹而死亡，部分病雏还出现脑炎或眼炎，说明火鸡曲霉菌病脑炎型较为常见。剖检见气管、气囊、肺出现白色绒毛状菌斑，肺实质内形成大小不等的橡皮样结节，结节中央有一小团干酪样坏死物，镜检可观察到曲霉菌的菌丝与孢子，发生脑炎者，脑膜充血水肿，脑实质有颜色带绿的细小坏死灶。

【防治】 主要措施是改善通风条件，降低饲养密度，发生疫情时用 1∶2 000 的硫酸铜或 0.5% 的碘化钾水饮水。治疗常用制霉菌素拌入饲料，剂量为 50 万～100 万单位/100 只，连续 1 周。克霉唑 200～300 毫克/只，每天 2 次，连续 3 天。

（四）火鸡鼻炎

火鸡鼻炎又名波氏杆菌病，是由波氏杆菌引起的具有高度传染性的上呼吸道疾病。其特征为突然打喷嚏，眼、鼻流出清亮液体，张口呼吸，颌下水肿，气管萎陷。

【症状】　患病雏火鸡打喷嚏、流泪，轻轻按压鼻部有多量清亮液体流出。随着病情延长，病雏频频摇头，加上大量的分泌物从鼻内流出，使鼻孔周围、头部、翅膀处羽毛覆盖一层干涸的分泌物。鼻腔、气管阻塞，呼吸困难，少数病例颌下水肿。病程 1～3 周，发病率及死亡率均达 100%。病理观察见病初鼻腔、气管分泌物增多、气管软化，软骨环变形，背、腹部下陷。典型病例于紧接喉部的气管背部折入管腔，横切气管可见软骨环增厚、管腔狭小，此乃本病的特征性病变。

【防治】　加强饲养管理，改善卫生条件，隔离病雏，同时用药物治疗：用畅力净375 千克代拌料连用 5～7 天，同时配合磺胺类药饮水，连用 4～5 天。病情严重的病雏，无论以饮水、注射还是口服等途径使用抗菌素，均收效甚微。因此，加强平时的消毒，提高雏火鸡的抵抗力，是防制疾病发生的关键。

（五）大肠杆菌病

火鸡大肠杆菌病是由特定血清型致病大肠杆菌引起火鸡的一种传染病，其临床特征为心包炎、肝炎、气囊炎及败血症。

【症状】　病鸡主要表现为精神沉郁，食欲下降，羽毛松乱，腹泻，少数重病例出现败血症而死亡。败血症病例，全身黏膜、浆膜出血，心包积液，并可见纤维素漂浮在心包液中，心冠脂肪及心外膜出血。慢性病例纤维素沉积在心外膜表面，肝脏见包膜增厚，实质有大小不一的坏死灶。胸、腹气囊壁浑浊，表面粗糙并有多量干酪样纤维素附着。

【防治】　治疗可用土霉素、痢菌净及氟哌酸等。痢菌净，肌注 2～3 毫克/只，每天 2 次，连续 3 天；氟哌酸按 0.05% 的浓度饮水，重病例口服 1 毫克/只。

（六）组织滴虫病（盲肠肝炎）

组织滴虫病又名黑头病，3～12周龄的火鸡最易感染，发病率89%、死亡率70%。火鸡自然感染时，平均发病率在30%左右，最高为68%，致死率达20%～56%。人工感染时，发病率100%，致死率高达95%。

【症状】 火鸡最早的症状是粪便中出现砖红色黏液丝，长度达5～10厘米，随后转为硫黄色或褐色粪便的腹泻，有时伴有血液。此时病鸡精神沉郁，体温升高，食欲减少，体重急剧减轻，消瘦，翅下垂、缩头、嗜睡，多在1周内死亡。主要病变局限于盲肠与肝脏，盲肠肿大，肠壁肥厚硬实，肠腔充满干酪样的肠芯。肝脏有圆形或不整圆形的坏死灶，病灶内常见许多细小的颗粒，呈放射状分布，眼观似菊花，因此也称"菊花样"病灶。

【防治】 预防火鸡组织滴虫病基本对策是定期驱虫。驱虫选用盐酸左旋咪唑口服，100～150毫克/只，噻苯唑0.1%～0.15%混入饲料，连续1周。

（七）火鸡支原体病

本病由火鸡支原体引起，特征是患病鸡胸部发生气囊炎，故又称火鸡气囊病。

【症状】 雏鸡患本病后死亡率很高，发育迟滞，呼吸不畅，精神欠佳，种鸡产蛋量明显下降。

【防治】 因本病主要由母火鸡通过种蛋传给雏火鸡的，故为了防止本病的发生种蛋应严格消毒。种蛋消毒可用泰乐菌素，本病可用红霉素等治疗。

第四章　山鸡

山鸡又叫野鸡、雉鸡。山鸡是一种肉质鲜美、营养丰富的野生禽类，作为高蛋白低脂肪的野味食品在世界上久负盛名，山鸡肉富含 10 多种氨基酸、维生素、微量元素。随着人们物质生活水平的不断提高，食品结构也向珍、稀、特、优方向发展，许多大城市的饭店、宾馆已把山鸡列入佳肴菜单；山鸡的药用价值较高，山鸡肉味甘、酸、温能补中益气，治脾虚泄泻、腹胀、下痢、尿频等，鸡内金具有消食化积、涩尿等功能，鸡胆有清肺止咳的功能；山鸡的羽毛价值也较高，可制成工艺品和各种填充物；山鸡还是重要的狩猎鸟，国内外一些地区结合发展旅游业，设有专门的狩猎场，其方法是把山鸡饲养到一定日龄后，再放养于狩猎场，供人猎捕。

一、生物学特性

属鸟纲、鸡形目、雉科、雉属。目前我国各地驯养的山鸡均属环颈雉，其中饲养量最多的是美国七彩山鸡。据资料表明，该品种是由中国环颈雉和蒙古环颈雉杂交而成，我国于 1986 年首次从美国内华达州引进，并在上海、广东等地饲养成功，后又不断扩繁到其他省市。

（一）外貌形态

山鸡的外形分头、颈、躯干和四肢 4 个部分，体表有一层羽毛覆盖。公山鸡头和颈的羽毛为淡蓝色至绿色，颈上有明显的白环，胸部中央的羽毛呈紫红色，两侧为淡蓝色，背腰部均为浅银灰而带绿色，腹侧为淡黄色并带有黑色的斑纹，尾羽较长，呈橄榄黄色，并具有黑色横斑，中央 4 对尾羽呈红紫色，两侧尾羽浅橄榄色，具褐色斑点，翼上覆羽浅灰色，边缘白色。母山鸡羽色不如公山鸡艳丽，体型较公山鸡小,头顶上有黑色和棕色的斑纹,后颈羽基栗色,近边缘为黑色,喉部略带白色,胸部和背部羽颜色较杂,羽片中央有黑棕色斑点。腹羽淡棕色。尾羽是黑色和浅黄色的呈虫迹状的条纹。公山鸡平均体重可达 1 500 克,母山鸡平均体重可达 1 250 克。

(二)生活习性

山鸡适应性很强,栖息在海拔 300～3 000 米的陆地各种生态环境中。不善飞翔,善奔跑逃逸。常有季节性小范围内的垂直迁徙,但同一季节栖息地常固定。

山鸡有集群性,在冬季集体越冬,但从 4 月初开始分群。雄雉占领活动区域(占区)并寻偶配对,在整个繁殖期,雌雄同在一占区内,但并不在一起活动。占区的大小取决于栖息地大小、植被及种群密度等。

自然状态下由雌山鸡孵蛋,山鸡出生后,由母山鸡带领组成血缘亲群活动。长大后又重新组成群组,到处觅食,形成觅食群。

人工饲养的山鸡,能够适应大群饲养的环境,可以和睦相处。但密度过大,妨碍采食,常发生相互叼啄现象。公山鸡在繁殖期有激烈地争偶斗架行为,经争斗确立了"王子鸡"和各公山鸡在山鸡群中的顺位(地位)后,才能安定下来。

山鸡胆怯而机警,善于疾跑和迅速隐蔽、在笼养条件下,当突然受到人或动物的惊吓或有激烈的嘈杂噪声刺激时,会引起雄山鸡腾空而飞,有时会撞击网壁,发生撞伤或造成死亡。笼养雄雉在繁殖季节也有主动攻击人的行为。野生成年山鸡常佯装跛行或拍打翅膀引诱敌害以保护幼雏。

(三)繁殖习性

1. 性成熟晚

季节性产蛋雉鸡生长到 10 月龄左右才达到性成熟,并开始繁殖。雄雉鸡比雌雉鸡晚 1 个月性成熟。在自然环境中,野生雉鸡的繁殖期从每年 2 月份到 6、7 月份,雉鸡的产蛋量即达到全年产量90%以上。在人工养殖环境中,产蛋期延长到 9 月份,产蛋量也较

野生雉鸡高。人工驯化后的雉鸡性成熟期可提前。美国七彩雉鸡
4~5个月就可达到性成熟期。

2. 配种

野生状态下雉鸡在繁殖季节以1雄配2~4雌组成相对稳定的
"婚配群"，每年2~3月开始繁殖，5~6月是繁殖高峰期，7~8月
逐渐减少，并停止。人工养殖的雉鸡要掌握适时放对配种。

3. 产蛋

野生状态下，雌雉鸡年产蛋2窝，个别的能产到3窝，每窝15~
20枚蛋。蛋壳色为浅橄榄黄色，椭圆形，蛋重24~28克，纵径25~
32.5毫米，如第一窝蛋被毁坏，雌雉鸡可补产第二窝蛋。在产蛋期
内，雌雉鸡产蛋无规律性，一般连产2天休息1天，个别连产3天休
息1天，初产雌雉鸡隔天产1枚蛋的较多，每天产蛋时间集中在上
午9:00时至下午15:00时。

4. 就巢性

野生雉鸡有就巢性，通常在树丛、草丛等隐蔽处营造一个简陋
的巢窝，垫上枯草、落叶及少量羽毛，雌雉鸡在窝内产蛋、孵化。在
此期间，躲避雄雉鸡，如果被雄雉鸡发现巢窝，雄雉鸡会毁巢啄蛋。
在人工养殖条件下，要设置较隐蔽的产蛋箱或草窝，供雌雉鸡产
蛋，同时，可以避免雄雉鸡的毁蛋行为。

（四）品种

山鸡共有30个亚种，分布在我国境内的有19个亚种，遍布
于我国各地，国外的山鸡大都是由我国这些亚种驯化或杂交而
成的。

1. 华北山鸡

由中国农业科学院特产研究所于1978—1985年在东北野生山
鸡的基础上驯化培育而成，属河北亚种。华北山鸡雌雄异形异色。
雄山鸡体型细长，头部眶上有明显的白眉，白色颈环完全闭合且较
宽，胸部红褐色。母山鸡体型略小，不具白眉、颈环和距，腹部淡黄褐
色，尾羽较短。公雉成年体重1 200克，母雉1 000克，年产蛋2窝，每

窝 12～17 个,高产年产蛋量可达 50 个左右,平均蛋重 25～30 克,蛋壳颜色较杂,有浅橄榄色、灰色、浅褐、黄褐和蓝色。华北山鸡体重和产蛋性能比美国七彩山鸡要低,但肉质较优,特别是氨基酸含量高。

2. 美国七彩山鸡

由中国环颈雉与蒙古环颈雉杂交育成,羽色浅于我国华北山鸡,颈部白圈不封闭,也较细一些,经多年选育,体重比原种有较大提高,体型大于华北山鸡,成年公山鸡体重 1 500～2 000 克,母山鸡 1 200～1 500 克,6 月龄开产,年均产蛋 80～120 个,平均蛋重 28～32 克,蛋壳颜色多为橄榄黄色,少量蓝色。

二、山鸡养殖场建设

(一)场址的选择

1. 地势高燥

在平原地区应选择地势高燥,稍向南或东南向的地方建场;山区、丘陵地区应选择山坡的南面或东南面建场。土质均以沙质土为好,以利下雨后排水,避免积水。优越的地势可使雉舍通风、光照、排水的条件良好,且能避免西北风,使雉舍冬天易保温,夏天不闷热。

2. 交通便利,环境幽静

场址要求交通便利,但又不能设在交通繁忙的要道和河流旁,也不能设在村庄或工厂旁,最好距要道 2 000 米左右,距一般道路 50～100 米。规模较大的饲养场最好单独修筑道路通往交通要道。场址距离其他畜牧场最好需要达到 200～300 米,以利于防疫。

3. 水源充足

要求水质清洁卫生,符合标准。场地的土质最好是透气、透水性能良好的沙壤土,这种土质没有黏性,否则鸡舍,羽毛易被弄脏,易感染病菌。

4. 电源可靠

饲料加工、孵化、育雏、照明等都需要用电,特别是孵化,停电对其影响很大。因此,电源必须有可靠保证,为严防突然停电,宜备有发电机。

5. 足够的面积

与一般蛋、肉鸡场相比,雉舍建筑占地面积大,且场内需留有一定的空地,用以种植青绿饲料,以便一年四季都有新鲜的青绿饲料供应。有条件的还可留地种植一定的谷类饲料。

(二)场址布局以便于开展日常工作,统一管理和防疫为原则

1. 行政区与生活区

与生产区要有一定的距离,既有利于防疫,又有利于居住环境卫生。行政区放在最前面,入场要有消毒设备。

2. 生产区

根据主导风向,按照孵化室、育雏室、中雉舍、成雉舍等的顺序来设置。把孵化室和育雏室放在上风头,成雉室放在下风头,这样能使育雏室内有新鲜空气,减少雏鸡、中雉发病机会,避免成雉舍排出污浊空气侵入和病原的感染。为便于通风、防疫,各种雉舍间要保持一定的距离,育雏室与中雉舍距离以 30 米为妥,中雉舍与雉舍距离 20 米为妥,孵化室距离雏舍要在 150 米以上。饲料加工厂的仓库应靠近雉舍,但车间与雉舍需要有一定的距离,要求在100 米以上。生产区的入口应有消毒间或者消毒池,每幢雉舍都应有一间饲养员操作间,其内应设有消毒设备。

3. 病雉隔离区与堆粪场

设在生产区下风向地势低处,尽量远离雉舍。

4. 青绿饲料种植区

可介于生活区与生产区之间,或位于生产区的另一端,并与生产区保持一定的距离。

5. 场内道路

应分为清洁道和脏污道。前者用于运送饲料、七彩山鸡和蛋等;后者用于运送粪便、病雉和死雉等。

根据山鸡的生活习性,应在舍内设置屏障和足够的栖息架,并在山鸡舍的一角设置沙地让山鸡进行沙浴。此外,场址的周围应设有围墙,并植树造林,美化环境,防暑降温。为考虑将来的发展,还要留有余地,按合理的布局进行规划,逐步扩展。

(三)雉舍的建筑

建山鸡舍可因陋而简,不需大兴土木。通过减少固定资产投入,从而降低固定成本开支。鸡舍要求保温性能好、便于通风干燥、便于清洁和消毒、有利于防疫和操作,育雏舍与育成舍隔20米以上。雉舍的设计特别是成雉舍的设计应充分利用自然条件(如自然光照等),宜采用开放式,而不宜采用封闭式。

1. 育雏室

屋顶结构为双落水式,檐高2~2.5米,长25米,宽6米;内设5间,每间的南侧都留有走廊,靠清洁道最近的一间为饲养员操作间,这样一幢雉舍可育雏雉2 000只以上。育雏室在构造上应注意以下几点:

(1)加网 七彩山鸡喜欢乱窜乱飞,门窗要有铁丝网或尼龙网防护,网眼为0.5厘米×0.5厘米,为防七彩山鸡啄破或鼠类咬破,离地一米内的网不能用尼龙网;

(2)保温 顶部应设置保温隔热板,为防止风从门直入,门外侧应设有用棉布或麻袋做成的门帘;

(3)供温 要有供温设备,如地下烟道、热气管、育雏伞、红外线灯泡等;

(4)通风 墙上部和墙脚离地35厘米处均应开有便于通风的窗子。或者在房顶部开通风窗,有条件的可以安装排气扇通风;

(5)地面及垫料 地面应为水泥地,并铺上锯屑或碎谷壳做垫料,室内不能有鼠洞或者鼠类。

2. 中雉舍

屋顶结构可用双落水式,也可用单落水式,每幢长30米,宽5米,檐高2~2.5米;内分六间,靠近清洁道的一间为饲养员操作间,其余5间北面开有后门,南面分别连有高2~2.5米、面积5米×5米

的网栏,网栏的另一侧都开有网门,这样一幢雏舍可养中雏 1 300
只左右。中雏舍在构造上应注意以下几点:

（1）冬暖夏凉,干燥透光,清洁卫生,换气良好。窗子总面积要
大,总面积要占到 1/8 以上,要求后窗略小,前窗低而大。门、窗网
的网眼为 2 厘米×2 厘米。

（2）雏舍外有用网圈成的运动场。运动场基部 1 米高处设有
铁丝网,上部及顶部都可用尼龙网,网高同舍檐高,网眼为不超过 4
厘米×4 厘米为宜,运动场全为沙地或仅小范围内设置沙池。运动
场的大小一般为雏舍面种的 1/2 倍,舍内采用水泥地面,并设有
栖架。

3. 成雏舍、种雏舍及饲养成雏、种雏的非房舍式建筑

成雏舍的建筑要求基本同于中雏舍,不过窗子面积要适度增
大,应占雏舍面积 1/6 以上。种雏舍在成雏舍的基础上要设置产
蛋箱和遮挡（王子雏）视线的屏障,运动场地以大为宜。

（1）房舍式　屋顶结构可用双落水式,也可用单落水式,每幢
长 45 米,宽 5 米,檐高 2.0～2.5 米;内设 9 间,靠近清洁道的一间
为饲养间,其余每间北面开有后门,南面分别连有高 2.0～2.5 米、
面积为 5 米×8 米的网栏,网眼亦为不超过 4 厘米×4 厘米,网栏的
另一侧都开有网门。雏舍的南面也可不建墙,即完全敞开。这样
一幢雏舍可养成雏 1 500 只左右,种雏 450 只左右。

（2）网棚式　网棚坐北朝南,砌 1.6～2.0 米高的北墙,南面用台
柱,比北墙略高,由北墙向南搭 2～3 米长斜坡式天棚,东、西、南三面
用网,网眼为不超过 4 厘米×4 厘米,北面要设置工作门,网棚的面积
每间以 25 平方米为宜,可养成雏 75 只左右,可养种雏 25 只左右。

（3）网栏式　根据七彩山鸡的野性,充分地利用森林、荒地等
生态资源,建成 1 000～2 000 平方米网栏,开展大群饲养。如果网
栏内防风避雨的条件不足,可在其内零星地设置少量简易棚。网
栏以钢筋为架以铁丝为网,网眼以不超过 4 厘米×4 厘米为宜,这
样牢固可靠。网栏饲养使七彩山鸡生活在自然环境中,可以增强

其野性。一般饲养密度为每平方米 1 只。

4. 终身制雏舍

由于移舍转群易给七彩山鸡带来应激反应影响生产,所以近年来提倡采用终身制雏舍,即整个生产周期在一舍内进行,这样既减少了应激反应,又减少了基建投资。

终身制雏舍的组成基本同于中雏舍,所不同的是每幢雏舍北面都留有 1 米宽的过道,每间雏舍都向过道开有后门,其内具有育雏室的保暖条件和保温设备;运动场特别大,是房舍面积的 10 倍以上。

(四)附属建筑

主要指孵化室、饲料加工厂及化验、办公、生活用房,其设计与要求可参照普通鸡场内的建筑标准。值得强调的是孵化室要求有一个独立的进出口,工作人员进出要通过换衣间和消毒间,以防止病原入内。

以上提出的场址选择及建筑设计、布局的标准是根据规模化、科学化饲养山鸡的需要,农家的小规模饲养为减少投资成本可因陋而简,将闲置房间修缮后,达到天上不漏、地上无洞、墙上无缝、有门、有窗、有防护网的标准即可作雏舍,再经过严格消毒后便可引进山鸡饲养。

三、山鸡饲养管理

(一)育雏前的准备

1. 育雏前准备

料槽、饮水器可用新洁尔灭消毒,用水清洗;墙壁、运动场用火碱消毒,然后要用高锰酸钾甲醛溶液(用量每立方米 14 克高锰酸钾:每立方米 28 毫升甲醛溶液)熏蒸消毒,密闭 2 天后,开门 1 周通风去味,准备进雏。育雏季节应选在春季,因为春季育雏成活率高,生长发育快。

2. 制定适宜的育雏计划

根据本场具体条件制定育雏计划,确定批次及每批的规模。

3. 预热

在进雏前 24 小时,生火预温至需要温度,并检查育雏舍保温情况,以确保有一个良好的育雏环境。

(二)雏鸡的饲养管理

雏鸡的开食:出壳后,24～36 小时小鸡转入育雏房,育雏房在雏鸡进来前先升温到 35～36℃,两小时后加入预先准备好的凉开水,在凉开水中加入少量高锰酸钾,使水的颜色呈淡淡的水红色为宜。3 小时后换成 5% 左右的葡萄糖和电解多维水并加入质软、适口性好、营养丰富易消化的雏鸡饲料。最好先喂潮拌料 3～5 天,这样有助于雏鸡的吸收和消化。开食的方法:用报纸或垫板料槽将潮拌料撒在其上,即可诱食。以后每 2～3 天降 1℃,直至降到常温。建议:

1. 温度

1～3 日龄 35～36℃,4～7 日龄 33～34℃,2 周龄 30～32℃,3 周龄 25～28℃,4 周龄 20～23℃,5 周龄以后保持常温。

2. 湿度

1～10 日龄相对湿度 65%～70%,10 日龄以后 55%～60%。

3. 密度

网床育雏 60 只/平方米,在网箱中可养到 15～20 日龄以后转入立体笼中,30～40 只/平方米,在立体笼中可养到 6 周龄。一个床上可放 2 个水塔,2～3 个料槽(槽位 1 米左右),立体笼周围分别安装一个料槽,一个水槽,让雏鸡有充分的采食面积。

4. 光照

雏鸡对光照要求不是太严格,进雏 1～3 天,24 小时光照,4～7 天 22～20 小时光照,以后根据雏鸡采食情况尽快转入自然光照。15～20 天转入立体笼,在上笼的第一个晚上要 24 小时光照,以使鸡尽快适应新的环境,光的强度以 3 瓦/平方米为宜,鸡适应环境以后,即可使用自然光照;对于商品鸡,光照强度不重要,只要能看到采食即可。

5. 通风

雏鸡抗病能力较弱,如舍内空气不流通,氨气浓度过大,可影响其生长发育并诱发疾病,如:眼病的发生就与通风不好,舍内空气污浊有很大关系。

6. 免疫接种

山鸡对新城疫虽不太敏感,但亦能感染,仍要做好免疫接种工作,加强防疫消毒。每日清扫一次粪便,水槽、料槽等用具要经常洗刷、消毒。雏鸡舍每周带鸡消毒两次。

(三)育成期管理

山鸡幼雏至性成熟前(7 周龄左右)的这一阶段为山鸡的育成期,这一阶段是山鸡一生当中体重增长最快的时期,山鸡育成期的饲养和管理是否得当将直接关系到山鸡能否早日作为商品上市或其作为种用性能的好坏。

1. 饲养方式

简易平养饲养法:即舍内地面垫料,外有供山鸡的运动场,运动场与舍内门、窗均设网罩。以防山鸡外逃。

2. 饲养管理

5 ~ 10 周龄的育成雏,日喂 4 次以上;11 ~ 18 周龄,每天饲喂 3 次,每天第一餐尽量安排早些,最后一餐安排在黄昏前半小时至 1 小时;80 ~ 100 日龄的山鸡是采食量最大的时期,应满足其对采食量的需要,若限量容易出现啄癖。

作种用的育成山鸡配合饲料中的能量水平和粗蛋白水平应比肉用山鸡略低,喂量也略受控制,喂肉用山鸡日喂量的 90% 即可,以防止腹脂增多。这能促使生殖系统的发育,有利提高繁殖性能,并可防止公山鸡交配能力降低及母山鸡产蛋期推迟和发生难产现象。在饲养管理中,下面几个环节应尤其引起注意。

(1)在饲养过程中,一是设置砂砾盒,任其自由啄取;二是保证饮水的清洁充分供应,特别是在采食干粉饲料的情况,更应重视饮水的供给,白天、晚间饮水器内都应加满水,做到饮水不断,一旦无水就需及时补充。

(2)温度　特别重视30~60日龄的山鸡的环境温度,因脱温后,山鸡对较低的温度仍较敏感,对过高温度也不适应,所以低于17~18℃时,仍需加温,18℃以上25℃以下,可不必采取措施,高于25℃则应减少密度,应加强通风。

(3)密度　平养时,从30日龄的15只/平方米,按每周减少5只递减,直至每平方米3只左右;网舍网底饲养时,5~10周龄房舍内6~8只/平方米,其群体以300只以内为宜,11周龄时3~4只/平方米,把运动场计算在内则为1.4~2.5只/平方米,每群11~200只;散养时,放养密度在温度高于17~18℃时,为1只/平方米,低于17℃时,40日龄开始散养;立体笼养时,可按最初的20~25只/平方米,以后每两周密度减半,直至2~3只/平方米为宜。

(4)湿度　以相对湿度55%~60%为宜。梅雨季节可在舍内及运动场多设栖架(地面平养的情况下,让山鸡有更多的机会上栖架,避免潮湿对山鸡带来的不良影响)。

(5)四季管理　四季管理的重点是夏季防暑,冬季防寒。冬季10℃以下产蛋量急剧下降,5℃以下停产,故应关闭北窗、门和西窗、门,并适当增加密度,以提高室温;冬季应减少湿度,增加饲料能量水平和饲喂量,饲料应干喂(粉料)不能调水。晚间增加一次喂料,最好喂粒料。

(6)及时出栏　公山鸡1.25~1.3千克,母山鸡0.75~1千克即可出售或屠宰,如饲喂时间过长,则山鸡生长速度减慢,饲料转化率降低。

(四)育雏育成期注意问题

1. 严禁饲喂发霉、变质饲料及使用发霉褥草,尤其在育雏和育成前期的山鸡对曲霉菌病极为敏感,发病率、死亡率都很高,要做好防疫工作。

2. 尽量减少应激因素的影响,在转群后1~2天要设专人值夜班,防止出现压死鸡现象。

3. 尽量避免或减少人为事故发生。如:煤气中毒,药物中毒,猫狗进入舍内咬死、咬伤鸡等,以提高成活率。

4. 在 8 ~ 15 日龄进行第一次断喙;5 ~ 10 周龄时进行第二次断喙。

四、山鸡的繁殖

(一)种雉鸡的选择

建立优良的种雉鸡群,其前提条件是必须按照育种目标的要求,选择符合要求的雌雄雉鸡组成种雉鸡群,经过严格的选择加上科学合理完善的饲养管理,使雌雄种雉鸡达到良好的繁殖性能,使其优良的遗传潜力得以充分的表现。

1. 根据体型外貌特征和生理特征选择

所选择的种雉鸡必须具备本品种的明显特征,发育良好,体质健壮。雌雉鸡:体型大,结构匀称,发育良好,活泼好动,觅食力强,头宽深适中,颈长而细,眼大灵活,喙短而弯曲,胸宽深而丰满,背宽、平、长,羽毛紧贴身体,有光泽,羽毛符合品种特征,尾发达,静止站立时尾不着地,羽毛紧贴身体有光泽,羽色符合品种特征。肛门清洁,松弛而湿润,腹部容积大,两耻骨间和胸骨末端与耻骨之间的距离均较宽,产蛋量高,产肉性能好。雄雉鸡:身体各部匀称,发育良好,脸鲜红色,耳羽簇发达直立,胸部宽深,背宽而直,颈粗,羽毛华丽而符合本品种特征。雄性特征明显,性欲旺盛,两脚距离宽,站立稳健有力,突出的生长速度和产肉性能。

2. 根据记录成绩选择

主要指标为早期生长速度、体重、胸宽、趾长、趾粗及屠宰率。肉用雉鸡要求早期生长速度越快越好,饲养期短,资金设备周转快,饲料报酬高,经济效益大。肉用雉鸡体重越大,产肉越多,屠宰率也愈高,胸宽、趾长、趾粗的雉鸡体型较大。肉用雉鸡的肌肉品质也很重要,应具备鲜、香、嫩等特点。肉品质与生长速度呈负相关,生长速度越快的雉鸡,相对而言,肉质风味略差。除考虑以上各项指标外,还应选择有关繁殖力指标:产蛋量、蛋重、受精率、孵化率、育雏率、育成率等。

(二)种雉鸡的配种技术

1. 放配年龄和种雉鸡利用年限

适宜的配种合群时间:经产雌雉鸡群在4月中旬,初产雌雉鸡群在4月末放入种雄雉鸡,但我国疆域辽阔,南北方各地区雉鸡进入繁殖期的时间早晚相差达1个月。雉鸡进入配种合群时间也不同,所以应在正式合群前,试放一两只雄雉鸡到雌雉鸡群中,观察雌雉鸡是否进入繁殖期。也可根据雌雉鸡的鸣叫、红脸或做巢行为来掌握合群时间。据经验,配对合群时间应在雌雉鸡比较乐意接受配种前5~10天为好,如果合群过早,雌雉鸡没有发情,而雄雉鸡则有求偶行为,雄雉鸡强烈追抓雌雉鸡,造成雌雉鸡惧怕心理,以后即使发情,也不愿意接受配种,使种蛋受精率降低。合群过晚,则因雄雉鸡间领主地位没有确立而产生激烈争斗,过多消耗体力,精液质量和受精率受到影响,同时,雌雉鸡群也因惊吓不安而影响产蛋率。成年种雉鸡达到性成熟后即可用来配种,雉鸡用于配种年龄:驯养代数少的雉鸡一般为10月龄,美国七彩雉鸡为5~6月龄。生产中一般留1年龄的雉鸡作种雉鸡用于交配、繁殖。繁殖期一过即淘汰。但生产性能特别优秀的个体或群体,雄雉鸡可留用两年,雌雉鸡留用2~3年。美国七彩雉鸡一般利用两个产蛋期。

2. 雌雄配比要合适

雉鸡的雌雄配比对种蛋受精率的影响很大。如果雄雉鸡比例高,不仅浪费饲料,踩坏雌雉鸡,而且会因争偶斗架而影响雉鸡群安宁,雄雉鸡伤亡较多,影响配种效果;如比例过低,发情的雌雉鸡容易被漏配,也会影响受精率。雉鸡的雌雄配比一般为(6~8):1,可达最佳受精效果。在开始合群时,以(4~5):1放入雄雉鸡,配种过程中随时挑出淘汰争斗伤亡和无配种能力的雄雉鸡,而不再补充种雄雉鸡,维持整个繁殖期雌雄比例在(6~7):1。尽量保持种雄雉鸡的种群顺序的稳定性,减少调群造成斗架伤亡。

3. 保护"王子雉"

雌雄雉鸡合群后,雄雉鸡间发生强烈的争偶斗架,此过程称为拔王过程,经过几天的争斗,产生了获胜者"王子雉"。一旦确立了"王子雉"后,雉鸡群就安定下来,"王子雉"多为发育好、体型大的雄雉鸡。为了提高受精率,要注意保护"王子雉",树立"王子雉"的优势,以控制群中其他雄雉鸡之间的争斗,减少伤亡。为了保护"王子雉"不要随意往雉群中加入新的雄雉鸡,以免破坏已建立起来的顺序,引起新的拔王争斗。同时也不要轻易捉走"王子雉"。为避免"王子雉"控制其他雄雉鸡之间的配种而影响受精率,可以在配种运动场设置屏风或隔板,遮挡"王子雉"的视线,使其他雄雉鸡均有与雌雉鸡交尾的机会,增加种蛋受精率;同时,"王子雉"追赶时,其他雄雉鸡应有躲藏的余地,减少种雄雉鸡的伤亡。最简便的方法是用大张的石棉瓦横立在圈舍中,每100平方米3~4张即可。

4. 防暑降温

每年6月下旬以后,天气开始炎热,雉鸡性活动下降,交尾次数减少,种蛋受精率下降,此时,应采用遮阳、地面喷水等降温措施,增加饲料中维生素C的含量及添加一些抗热应激药物,以提高种蛋受精率。

(三)配种方法

1. 大群配种

在较大数量的雌雉鸡中按1:5的比例放入雄雉鸡,任其自由交配,每群雌雉鸡在100只左右为宜。繁殖期间,发现因斗殴伤亡或无配种能力的雄雉鸡随时挑出,不再补充新的雄雉鸡。目前,生产场基本都采用这种方法,其管理简便,节省人力,受精率及孵化率较高,缺点是这种配种方法系谱不清,时间长了易造成近亲繁殖,种质退化,应定期进行血缘更新。

2. 小群配种

就是以 1 只雄雉鸡与 6~8 只雌雉鸡组成"婚配群",放养在单独的小间或饲养笼内,雌、雄雉鸡均带有脚号,这种方法常用于家系繁殖制种,管理上比较烦琐,但可以通过家系繁殖,较好地观察雉鸡的生产性能。育种工作中经常应用此法。

3. 人工授精

可以充分利用优良种雄雉鸡,对提高和改良品种作用很大,据报道,雉鸡人工授精,受精率可达85%以上。

(1)选种 选用 6~12 月龄的公鸡较好,要求其体重 1.5~2 千克,精神饱满,各部位匀称,胸肌发达,啼鸣长而洪亮,羽毛丰满,姿态雄伟,头部眼眶上无白眉,颈环不完整,胸部羽毛红褐色且鲜艳。

(2)采精 采精者使公鸡保持伏卧姿势,用左手按住其尾羽,用右手拇指和食指在公鸡腹部轻快地按摩约 20 秒,致使交尾器官在泄殖腔内侧壁勃起,采精者用左手拇指在泄殖腔两侧微微加以按压,即可使公鸡射精。小心地将乳白色的精液收集至容器中,每天可取精 1 次。

(3)输精 将受精的母鸡保定,用手轻轻按压母鸡背部,然后从两侧压向泄殖腔中间,左上方就是阴道口。输精者将盛有精液的输精器插入输卵管内 2~3 厘米,这时应放松母鸡腹部,缓慢地让泄殖腔复原,防止精液流出。输精器通常采用玻璃注射器或塑料注射器。因为山鸡交配 1 次,可连续产受精蛋 8~10 枚,所以每周输精 1 次即可获得 95% 以上的受精卵,从而可避免因近亲交配而造成品种退化。

五、山鸡的疾病防治

(一)白痢病雏山鸡 1 月龄前最易发生此病

【症状】 病雏衰弱怕冷,相互拥挤堆于热源周围,怕光、闭眼垂翅,精神不振,饲料减少、饮水量增加,垫料很潮湿,排便次数增多。粪便特征是拉灰白色黏液,带有泡沫样的稀便,并糊满肛门周围羽毛。解剖直肠,内壁有血丝及石灰样块,部分有腐烂现象。

【治疗】 庆大霉素或卡那霉素 0.01% ~0.02% 饮水;磺胺类药物 0.02% ~0.04% 拌料,连用 5 天。

【预防】 最有效的方法是种蛋须来自于净化后的种禽场,而且对当天收集的种蛋及入孵前和出雏前要进行消毒,这就要求购种者须到管理严格、技术力量过硬、规模大的种禽生产场家去购买,才能确保养殖效益。同时打扫雏鸡舍,保持清洁,垫料干爽,及时分群,减少密度也很重要。在育雏期间,水中添加 0.1% 的土霉素,也有一定的效果。

(二)球虫病 20 ~60 日龄小山鸡在密度大、卫生条件差、通风不良的情况下较易得此病

【症状】 病鸡精神不振,怕冷集群,但不打堆,羽毛松散,翅膀下垂,嗉囊膨大软如球,饮水、饲料均减少,粪便特征是拉果酱样或带血丝的粪便,有恶臭。

【治疗】 每只雏鸡每次用 3 000 单位青霉素放入水中(注意:饮水须在 2 小时内饮用完,以防青霉素水解,减低疗效),每天 2 次,氯丙呱每千克料加 3 片,每天两次,连用 7 天,一般第 2 天即可见效。

(三)啄食癖

啄食癖是指鸡之间互相啄叮或群鸡集中啄叮一只鸡,大、中、小鸡都会发生,若技术跟不上几乎每批都可发生,如不及时解决损耗会较大,严重影响养殖效益。常见恶癖有啄肛癖、啄趾癖、啄毛癖、食蛋癖等。

【原因】 光照过强、饲养密度过大、采食槽位不足、垫料潮湿、通风不良、日粮中缺乏蛋白质、矿物质、维生素、粗纤维或氨基酸不平衡都可产生啄癖。

【症状】 在育雏期的雏鸡最易发生啄癖,成年母鸡在交配后

或在窝外产蛋肛门外翻时,被其他鸡啄破出血,易被群鸡啄造成伤亡。

(四)异食癖

啄趾癖一般发生在育雏最初几天,雏鸡足趾皮薄,血管明显,最易引起互相啄趾,严重时可导致 10% ~20% 死亡率。

食毛癖常发生在高产母鸡群互相啄食羽毛或自食羽毛。啄尾羽出血后,易引起啄尾症。

食蛋癖是在母鸡刚产下蛋,鸡群争相啄食或啄食自己生的蛋,其原因多是鸡饲料中缺乏钙和蛋白质,产软壳蛋或薄壳蛋弄破后易形成食蛋恶癖。

【防治】 ①减少密度;②增加青饲料,特别是雏鸡在 2 日龄后,每 2 ~3 小时投放一次细嫩的青菜,让其采食;成年鸡用稻草或青草作为垫料让其啄食,这也是补充维生素和矿物质的有效手段;③增加 6% ~8% 蛋白质或 2% 羽毛粉;④雏鸡可减少光照强度;⑤饲料中加入 2% 芒硝;⑥做好断啄工作。以上措施综合运用,非常有效。一旦发现啄癖,应及时捉出被啄鸡,涂上紫药水,另外隔离饲养,投喂几天的抗生素,即可痊愈。

第五章　贵妃鸡

贵妃鸡又名贵妇鸡,原产英国皇室,其头戴凤冠,身披黑白花羽,天生丽质,被英国皇室定名为"贵妃鸡",专供宫廷玩赏和御用,并禁止民间饲养。其集观赏、美食、滋补于一身,野味浓,营养丰富,其肉质细嫩,油而不腻,美味可口,富含人体所需的 17 种氨基酸,10 多种微量元素和多种维生素,特别是被称为抗癌之王的硒和锌的含量是普通禽类的 3～5 倍,是当代最为理想的食疗珍禽,被誉为"益智肉"、"美容肉"、"益寿肉"。

一、生物学特性

(一)外貌形态

贵妃鸡体型娇小,外貌奇特,体态轻盈。头戴凤冠,冠体前有一独立的呈三角形的小冠,冠体为豆状冠,并延伸成"V"字形肉质角状冠,色泽鲜红,其后侧形似球体状的大朵黑白花片羽束,尤如西方贵妇之帽。长有胡髯遮盖部分眼睑,使人们只见到大而灵活的眼睛,小而短的喙,外露的大鼻孔。身披蓝黑间白花片状羽毛,走路时昂首挺胸,片羽抖动,大群聚集时非常美丽,有独特的观赏价值。脚上有距,五爪。性成熟后的公鸡发出"嘎嘎"叫声,母鸡发出"哆哆"叫声。贵妃鸡有较强的适应能力,抗寒、抗热性能较好。食性较广,生长较快,不啄蛋。性情温和,不善啄斗,喜欢群居,不怕人。飞翔能力较弱,喜爱阳光。

(二)生活习性

1. 贵妃鸡尚存一定野性,适应性、抗逆性强,具有家鸡的一切特性。

2. 好动、活泼、动作敏捷,善于低飞,受惊便飞。

3. 合群性好,不爱打斗,若原群被破坏时会引起争斗。

4. 食性广,生长较快,可喂家禽配合饲料,90～100 天即可上市出售。

5. 有趋人和趋光性,夜间舍内开灯后,鸡能成群入舍,见人到网边参观便上前,并发出悦耳欢叫声。

6. 贵妃鸡就巢性能基本丧失。

(三) 生产性能

母鸡 180 日龄左右可开产,每只母鸡年产蛋量为 150～180 枚,蛋壳呈白色,平均蛋重为 40 克。成年母鸡体重为 1.1～1.25 千克,公鸡为 1.5～1.75 千克。在良好的饲养管理条件下,每年 3 月份至翌年 2 月份都能产蛋,3～8 月份种蛋受精率和受精蛋孵化率约为 90%,9 月份至翌年 2 月份约为 80%。商品鸡 1 日龄平均体重为 33 克,25 日龄为 268 克,40 日龄为 475 克,90 日龄上市体重为 900～1 100 克。喂商品肉鸡颗粒料并加适量进口鱼粉,肉料比为 1:3.5。

二、贵妃鸡的饲养管理

(一) 育雏期的科学饲养管理

1. 育雏前雏舍要求

新建育雏舍或一般民房均可,要求保温、通风透光、防鼠患。育雏舍的墙壁、屋顶要清洁卫生,墙壁要用 20% 石灰乳涂刷,地面及距地面 1 米高墙壁用 3% 烧碱水刷洗消毒,最后关闭门窗,舍内按 42 毫升/立方米福尔马林和 21 克高锰酸钾作 24 小时熏蒸消毒,雏舍用具用 0.1% 新洁尔灭消毒。垫料使用前要晾干,并用 1:600～1:500 的 84 消毒溶液喷雾消毒。

2. 饲养方式

可采用网架饲养,最好是笼养;也可地面平养,但要预防白痢、球虫病,还要防地面潮湿和室内灰尘。

3. 优化育雏环境

(1) 舍内温度 适宜的育雏温度是贵妃鸡成活率高低的关键

因素之一。一般要求,1～2 日龄适宜温度为 32℃,以后每天可降低 0.5℃,至 21～30 日龄仍要保持 22℃,其中在 14 日龄之内控制适宜温度最重要。

（2）舍内湿度　前期宜在 65%～70%,后期以 55%～60% 为宜。育雏舍应防贼风,但晴天或鸡群活动时可开窗一段时间交换舍内空气。

4. 育雏密度

适宜的育雏密度既可提高育雏室的利用率,还可提高雏鸡的成活率。一周龄以内的雏鸡,饲养密度为 100 只/平方米;2～3 周龄时为 80 只/平方米,4～6 周龄为 70 只/平方米,7～8 周龄为 10～20 只/平方米。

5. 进雏后的管理

先饮水后开食 1～7 日龄幼雏应饮凉开水,饮水中加 2%～5% 葡萄糖、维生素 C、维生素 A 和土霉素,以后可饮清洁自来水。饮水后再开食,饲料应放在食盘中,保证干净卫生,干湿料均可。饲喂和清洁饮水可用自由采食方式,在一般全价颗粒饲料中宜再添加 4%～6% 进口鱼粉或饲料酵母粉,以利其快速生长。1～7 日龄应少喂多餐,以 8～10 次/天为宜,以后可自由采食,饮水宜用清凉冷开水。加强管理按雏鸡强弱分群饲养,脱温后公母鸡再分群饲养。分群饲养量根据育雏设备及房舍条件而定。平时必须观察鸡的精神状态、饮食、粪便颜色及形态、呼吸状态等表现,做好针对性预防和治疗疾病工作。

（二）中鸡阶段的饲养管理

36～56 日龄期间称中鸡阶段。此阶段应注意以下影响因素:

1. 饲料可选用中、小鸡的颗粒料,任鸡自由采食。

2. 供应清洁饮水。

3. 舍内每天清扫一次。

4. 舍内饲养密度为 10～15 只/平方米,舍外要设有比舍内大一倍以上的运动场或林地果园。

5. 中鸡阶段使用自然光照即可,不需要另外增加光照。

(三)成鸡阶段的饲养管理

57~120 日龄称成鸡阶段。此阶段应注意以下影响因素:

1. 饲料可用肉鸡、大鸡的颗粒料,任鸡自由采食;也可放养在果园、林地等处,用蒸到八分熟的稻谷直接饲喂,另外补充多种维生素和微量元素。

2. 供应清洁的饮水。

3. 饲养密度为 8~10 只/平方米,每群 100~150 只。

4. 光照以自然光照即可。

(四)贵妃鸡产蛋期的饲养管理

6 月龄后贵妃鸡开产。此阶段应注意以下影响因素:

1. 鸡舍

用一般民房即可,但要有南北窗及朝南的运动场。运动场面积为鸡舍面积的 1~2 倍,舍内设栖架,其饲养设备和用具与家鸡相同。

2. 设置产蛋箱

蛋箱在开产前 15 天设置,其规格为长 30 厘米、宽 25 厘米、高 35 厘米,每 6 只母鸡需配置 1 个箱位,蛋箱可几个连体放置在背光、通风良好处,蛋箱中还应放置假蛋,以吸引鸡进箱产蛋。也可在鸡舍设置产蛋沙窝供其产蛋。

3. 环境控制

饲养密度一般为 7 只/平方米,开产时需增加光照时间至 16 小时(不超过 17 小时),光照强度增至 40 勒为止,直到产蛋结束。切记在产蛋期间的光照时间不能缩短,光照强度不能减弱。

(五)商品贵妃鸡的饲养管理

90~120 日龄为商品鸡阶段。体重达到 0.2~1.2 千克可作为肉用或药用上市出售,最佳的上市日龄为 90 日龄,体重为 900~1 100 克。此阶段应注意以下影响因素:

1. 商品肉鸡的饲料

为家鸡使用的颗粒料加上适量的进口鱼粉配置而成。商品贵妃鸡的料肉比 3.5:1,每只商品鸡耗料 4~6 千克,若超期饲养会降低其生长速度,增加饲料成本。商品贵妃鸡可全天供给干粉料,让其自由采食,上下午各投料 1 次,也可定时定量4~5次/天饲喂。

2. 每天清除粪便,定期消毒食槽、水槽

供应充足的清洁饮水,保持鸡舍环境安静,每周带鸡消毒 1 次或在鸡舍地面撒些生石灰粉消毒。发现病弱鸡应隔离饲养,并查明病因加以预防。在上市2~3周停止在饲料中添加克球粉、磺胺类及抗生素等易残留药物,以免影响肉的品质。

(六)种鸡的饲养管理

1. 选种

120~180 日龄称为后备鸡,在开产前 90 日龄左右进行第一次选种,选留外貌齐全、体重符合标准的公母鸡作为后备鸡,其他落选鸡作为商品鸡上市出售。180 日龄进行第二次选种,要求公鸡为发育好、体质强壮、体态丰满、头部宽阔、胸深脚高、立姿雄壮、性欲旺盛、配种力强、体重 1.5 千克左右者。母鸡选择那些眼睛有神、行动灵活、头小清透、肛门外侧面丰满,胸骨与耻骨之间距离宽,产蛋性能好、就巢性较弱、体重在 1.25 千克左右的鸡。鸡群中公母比例为1:(5~6)。每只母鸡设一个产蛋箱。

2. 饲料和饮水

后备母鸡可用青年蛋鸡料限制饲喂,2 次/天,每只 100 克左右。产蛋母鸡的饲料可使用产蛋鸡饲料加入 2% 进口鱼粉和5%酵母粉喂给,3 次/天,每天每只 125 克。全日供给清洁饮水。为了加强营养,提高产蛋率及蛋的品质,应提高日粮中蛋白质和钙的含量,可自配全价配合料。建议饲料配方:玉米 63.83%、豆粕 24%、鱼粉 2.5%、石粉 7.5%、磷酸氢钙 1.4%、食盐 0.3%、复合多种维生素 0.035%、复合微量元素 0.265%、蛋氨酸 0.1%、赖氨酸 0.06%。

3. 光照

开产初期,每日光照时间为 11 小时,产蛋高峰每日光照时间增加到 16 小时,并一直持续到产蛋结束。整个产蛋期的光照强度为 20 ~ 30 勒/平方米。

4. 优化环境

要求鸡舍内外环境卫生,逐日定时清除舍内外粪便,舍内要保持安静,空气要新鲜,温度为 13 ~ 25℃。饲养管理应按规范的操作要求进行,饲养员要固定,定期对鸡舍及用具进行彻底消毒,并及时做好防病治病工作。

5. 日常管理

每天早上上料,需观察鸡群的精神状态、饮水、活动、粪便等情况,做好生产纪录。避开 10:00 ~ 14:00 产蛋高峰,每天应收集 6 ~ 7 次种蛋。

6. 种蛋孵化

贵妃鸡无就巢性,新鲜种蛋最好在 5 天内孵化,孵化期为 21 天。

7. 密度

后备鸡按 8 ~ 10 只/平方米,舍外设置比鸡舍大 1 倍的运动场。产蛋鸡按 4 ~ 5 只/平方米,每群以 100 ~ 150 为宜,公母比为 1: (7 ~ 8),利用年限为 3 年,运动场设有含有贝壳粉或石灰石的钙池。

(七) 贵妃鸡的孵化技术要点

贵妃鸡抱性不强,繁殖后代可采用电孵化机孵化、土法孵化等方法,孵化期为 21 天,要想提高受精蛋的孵化率,应掌握如下技术要点:

1. 及时消毒入孵种蛋

种蛋在 13 ~ 15℃的室温下最多保存 5 ~ 7 天,入孵前用万分之二的高锰酸钾溶液浸泡 2 分钟,晾干入孵。

2. 控制好温度与湿度

入孵后第 1 ~ 18 天,温度以冬天 37.8 ~ 38.0℃,夏天 37.5℃为宜。第 19 天转入出雏机,温度以冬天 37.2℃,夏天 37.0℃为宜。相对湿度要求为:第 1 ~ 18 天 60%,第 19 ~ 21 天 70%。增加湿度的方法有:机内增加水盘或湿毛巾;向蛋面喷雾温水等。

3. 翻蛋与照蛋

第1~18天每隔2~4小时翻蛋一次,第5~7天一照剔出无精蛋和死胚蛋,第19天二照,将活胚蛋转入出雏机,停止翻蛋,等待出雏。难产时可用人工助产的办法将蛋壳轻轻剥开。

三、贵妃鸡常见疾病预防

(一)鸡新城疫

在5、25日龄时各用一次鸡新城疫Ⅱ系疫苗点眼和滴鼻;40、135日龄各用一次Ⅰ系疫苗肌注,种鸡休产期再接种Ⅰ系疫苗一次。流行疫区应紧急注射Ⅰ系疫苗。

(二)法氏囊病

在10、30日龄各用一次弱毒疫苗饮服;产蛋前一个月和38~40周龄时各用一次灭活疫苗肌注。发病时可肌注高免蛋黄液,并在7~10天后使用灭活疫苗接种一次。

(三)白痢病

1~20天日龄在饲料中按使用说明交替拌入氟哌酸粉预防(附:3~7日龄停药)。在饲料中加入1%的碎大蒜,既能增加食欲,又可防病。

(四)球虫病

20~60日龄的小鸡可用适量的氯苯胍、克球粉等药物交替拌料预防(附:23~27日龄、38~42日龄停药)。地面平养和高温高湿环境最易引起球虫病暴发。

(五)脑脊髓炎

可在10周龄左右用脑脊髓炎弱毒苗饮水。

(六)鸡痘

可在35日龄和110日龄各用鸡痘疫苗刺种一次。

第六章 火鸭

火鸭,又被人们叫做憨鸭,学名叫"瘤头鸭"。火鸭是一种稀有的特禽珍品,因体大肉多,富有野味而深受消费者的喜欢。火鸭原产于我国的云贵高原一带,火鸭抗病力强,耐粗饲,易饲养,产蛋率高,繁殖快,适合放养、圈养等,是一种大有发展前途的新兴特养禽类,适合在我国南北各地进行饲养。

一、生物学特性

火鸭为鸟纲,雁形目,栖鸭属,鸭科。

(一)外形特征

火鸭的体态健壮肥太,头较大,头顶部有一个红色肉瘤,它们的羽毛丰满、富有光泽,全身羽毛紧贴,毛色为黑白相间,还带有部分彩色羽毛;公鸭和母鸭的外形也是有区别的,公鸭的体型要比母鸭大得多;另外,公鸭的肉瘤要比母鸭的明显,而且大得多,也红得多。

(二)生活特性

1. 习水性

火鸭脚趾间有璞,它们具备下水的习性,但是水性较差,所以,在人们长期的驯化过程中逐渐的将这一功能退化,变得有些怕水了,可能这也是人们称它为火鸭的原因吧。

2. 合群性

火鸭性情温驯,不怕人,耐粗饲,善觅食,合群性强,只要有比较适宜的饲养场所和条件,它们都能在采食和繁殖等方面合群生活得很好,因此,火鸭适宜大群饲养。

3. 耐寒性

火鸭对气候环境的适应性强，既耐寒又耐热，只要饲养条件较好，在冬春季节温度较低时，并不影响它的产量和增重。

4. 杂食性

由于火鸭的嗅觉和味觉不发达，所以，它们对饲料的香味要求不高，能吞咽较粗大的食团并贮存在食道膨大部，肌胃内存留的砂砾，能很好地磨碎食物。因此，火鸭一次性食量较多，且食性颇广。

5. 生产性能

据测定，在当前饲养条件下，火鸭平均初生体重为 40 克，饲养 11 周龄后的公火鸭体重为 3 500 克，最大的可达 5 000 克左右，而成年母火鸭的体重为 2 500 克。肉料比可以达到 1:(2.8~3.4)。成年公火鸭半净膛屠宰率为 74%，母火鸭为 75%。母火鸭饲养 6 个月后开始产蛋，年产蛋量为 250~280 枚，鸭蛋的平均重量为 70 克，最大的达到 100 克左右。

二、养殖场地的建造

（一）孵化室及室内设备

平常家用的一般房屋都可以用来做孵化室，通常，以北房或西房比较好，因为这个方位便于保温和照蛋。室内留门和窗户，以便于通风换气，孵化机直接摆放在室内就可以了，数量要根据孵化室的大小和养殖场的规模来自行安排，需要注意的是，在孵化器之间要留出一条足够宽敞的路，以便于工作人员进行各项管理工作。

孵化床最好跟放置孵化箱的房屋相通，没有条件的，也最好不要离得太远，要选择相邻的房屋，孵化床可以用木架来搭建，规模较大的场地最好使用层架式结构，这样，不仅可以节约空间，还有利于保温。孵化床上，最好铺设一层稻谷颗粒或者木屑，以加强保温，上面还要覆盖一张竹席。另外，像风扇、暖气设施等都要配备齐全。

（二）育雏室的建造

育雏室用一些破旧的房屋即可,室内要用砖墙间隔成多个小栏舍,栏舍不宜过高,以一米以下为宜,太高了不容易进行管理,具体的大小和高度要根据场地自行决定,栏舍内要铺一层铁丝网,以便于卫生打扫工作的进行,食槽和水槽最好选用移动的。室内还要安置保温灯。另外,墙根部一定要设置排水口,以便于及时将室内的垃圾清除掉。

（三）成鸭养殖地的建造

养殖场地最好选择在环境僻静,背风向阳,地势较高的地方,圈舍最好坐北朝南,运动场坡度以 30 度为宜,土质以沙质为好,有条件的可以用砖块铺,或砌成水泥地面,休息区要铺设铁丝网,以加强卫生防疫,防止病菌感染。养殖场地的水源设施要完善,水槽要设在活动区内,石槽最好用活动的,可以方便打扫和投喂。另外,我们还可以利用各种闲房及闲置空间等进行养殖,像圈起一片林地进行饲养的方式,不仅可以利用空间,火鸭的粪便还能为树木带来不少营养,可谓一举两得,两全其美。

三、繁殖技术

火鸭的繁殖是用人工孵化来进行的,首先,要做好挑选种蛋的工作。

（一）种蛋的挑选

我们应该选择无破裂,无异味,无变质的鸭蛋作为种蛋,挑选好以后,将它们摆放到网架上,摆放好以后,直接将它们放入孵化箱,接下来,还要进行消毒工作。

（二）消毒

消毒可以选用0.1%新洁尔灭溶液浸泡种蛋,种蛋晾干以后,我们就可以关上孵化箱的大门进行孵化期的管理。

(三)孵化期的管理

整个孵化过程需要 40 天左右的时间,前 27 天是在孵化机内进行的,到了最后十几天是在孵化床上进行孵化的。具体的方法如下:

1. 翻蛋

从孵化第一天开始,就每隔 3 个小时要进行一次翻蛋的工作,翻蛋可以使胚胎的位置发生变换,以促进胚胎运动,使胚胎受热均匀,还能有效的防止胚胎与蛋壳粘连。翻蛋有两种方法,第一个是将网架拿出孵化箱,单个进行翻转,手工操作时一定要细心,将蛋壳破损率降到最低限度;第二个就是整体旋转,通过推拉孵化网架,使种蛋随之发生位置的变化,这两个方法可以交替进行。

2. 照蛋

孵化期间,在第 7 天、第 13 天、第 23 天分别要进行一次照蛋。照蛋用灯光进行即可,其目的有两个,一个是看种蛋的孵化情况;第二就是挑出变质坏掉的无精蛋和死胚蛋。照蛋可以在晚上进行,也可以在白天进行,如果是新手建议在晚上进行这项工作,因为,在漆黑的环境下,如果有坏掉的比较容易从颜色上辨别出,对于颜色发灰的,要及时的将它们拣出;而且,照蛋可以非常明显的发现种蛋内的发育情况,在 7 天左右时,就可以看到里面出现丝网状的东西,到了 13 天左右,会变成棉花团状的物体,这就是在慢慢孵化的鸭子幼体,到了 23 天左右时,种蛋里面看起来会像云团,并且一块黑一块白的,这就是即将成型的幼体了。

3. 晾蛋

孵化过程中,晾蛋是一个非常重要的环节,目的在于帮助胚胎散热和呼吸新鲜空气。因为鸭蛋含的脂肪较多,随着胚胎的发育会导致热量的增加,如果调温不当,容易造成死亡。因此,每天的早上、中午、晚上分别要打开一次孵化箱的门,进行晾蛋,每次晾蛋的时间为 2 小时左右,这样做,可以起到调节空气流通的作用,以保证孵化的顺利进行。

4. 温度控制

孵化期间,一定要严格把握温度,才能保证孵化的成功。在最开始的 7 天内,要把温度控制在 38℃,7 天后,将温度控制在 37.8℃,到了 23 天后,就要将温度降低到 37.4℃。可以通过机器来调节温度,也可以用人工来进行协调,像调蛋,调蛋就是将网架的上下位置进行调换,网箱内的不同位置温度也是不一样的,这样,可以使温度保持均衡。

5. 湿度控制

鸭蛋在孵化过程中,蛋内的水分会不断的蒸发,因此,蛋的重量也会减轻。我们最好要采取措施,将鸭蛋损失的重量控制在 13% 左右,主要的控制方法就是保持湿度,具体的湿度数值如下:

第 1 ~ 8 天湿度控制在 70%,第 9 ~ 16 天湿度控制在 60% ~ 65%,第 17 ~ 24 天湿度控制在 50% ~ 55%,第 25 ~ 27 天湿度控制在 65% ~ 70%。

初期,相对较高的湿度,可以避免蛋内水分蒸发过多;中期,种蛋需要排除较多的水分,要求相对较低的湿度;后期,湿度又要提高,以利于雏鸭出壳。

调节湿度,通常使用洒水来进行的,每天都要洒一次水,需要注意的是,一定要将水温控制在 38℃ 左右,将温水均匀的洒到孵化箱内的种蛋上即可以了,洒水时还要转动孵化箱内的架子,以便于让每一枚鸭蛋都能接受到水分的滋润,撒完后,先开着孵化箱的门,晾 3 ~ 5 分钟之后才能关上门。

大约 27 天后就可以搬出孵化箱,放到孵化床上去了。可以取一小块纱网,将网放在两个网架的中间,注意上面一个不能装种蛋,然后,将两个网箱上下调换位置,很容易就可以将种蛋收集到网内了,接着将种蛋放到孵化床上。

6. 孵化床期间的管理

这一期间,大约需要 15 天的时间,需要的管理主要是温度控制和检查变质种蛋。

（1）调节温度　温度控制在 36～37℃，孵化床上的种蛋，都可以自发散热，越靠中间的部分温度会越高，而四周的温度相对来说会偏低，这样就不利于孵化，因此，每隔 4 个小时就要进行一次翻蛋，方法就是将四周的放到中间，并向下轻轻挤压，这样就可以把中间的种蛋赶到边上去了，这样做，可以很好的均衡温度。

另外，当气温过高时，可以打开风扇，降低室内温度，还可以向孵化床上洒水，温度不要太低，以 18～26℃为宜；当气温过低时，我们可以用毛毯或者棉布进行加温。

（2）检查　越是到了这最后关头就越要把好关，一定要经常检查，方法有三种，俗话称之为"一看，二闻，三听"；这一看，就是要仔细的查看，发现表皮颜色灰暗的，手摸蛋感到冰凉，或者蛋的尖端发黑的就是死胚，可以随手拿出；接下来，就是用鼻子闻一下，如果种蛋变味发臭，就肯定是坏掉了；如果不能确定，再用手拿着种蛋在耳边轻轻的晃动，要是听到有液体晃动的声音，那肯定就是孵化失败的，就可以将其扔掉了。

大约 7 天以后，就可以看到鸭蛋上面出现一个小洞口，这就是小鸭子在里面啄出的洞，因为他们想要出壳了，到了第 13 天左右，它们就会迫不及待的挣扎着脱离蛋壳了。

（3）注射疫苗　小鸭子出壳后的 2～3 个小时，马上要给它们打疫苗，疫苗可以选用雏番鸭细小病毒疫苗，通常，打针时要从雏鸭的脖子后面进行注射，药量以每只雏鸭 0.2 毫升为标准，疫苗注射完成后，就要进入育雏鸭的生长阶段了。

四、饲养管理技术

（一）育雏鸭的管理

育雏鸭的管理大约需要 15 天的时间，具体的管理方法如下：

1. 饲喂

在这一时期,雏鸭的食量不大,主要是投喂一些颗粒较细的粗饲料,每天投喂一次,时间可以选择在中午 11:00,投喂量以占个体重量的 2% 为标准。

2. 饮水

育雏期,饮水是非常关键的,最好用移动的水槽,以便于及时换水,并且还能保证水分的安全卫生,将水槽灌满水后,直接放到栏舍内就可以了。

3. 卫生打扫

每天都要打扫一次卫生,以防止病菌的产生,打扫时,把栏舍的每个角落都清理干净,并将粪便杂物冲刷到下水道内,让栏舍远离污染。

4. 消毒

室内每天都要进行消毒,可以选用双氯净,将其调配成 500 倍的稀液后,均匀的喷洒到育雏室内就可以了,时间最好选择在下午17:00 以后。

5. 温度调节

这一时期,要将温度控制在 28～30℃,可以通过加温灯来调节,加温灯打开时间的长短要根据室内的气温而自行决定。大约 15 天以后,育雏鸭就可以转移到室外场地,进入商品鸭的管理阶段了。

6. 防疫

需要注意的是,在放养前,要进行一次防疫工作,可以选用鸭三联疫病疫苗,将药液注射在鸭子的大腿根部,药量以每只鸭子0.2 毫升为标准。

7. 放养密度

由于火鸭出栏非常快,在饲养过程中不需要再进行分养,所以,放养的密度不要太小,一般情况下,按照每平方米 5～6 只的标准。

（二）商品鸭的管理

商品鸭的管理大约需要 3 个月的时间。

1. 饲喂

这一时期,主要是投喂禽类专用的颗粒饲料,每天投喂两次,每次投喂的数量以占个体鸭重量的 4% 为标准,投喂时间可以选择在每天上午的 7:00 ~ 8:00 和每天下午的 17:00 ~ 18:00。火鸭有两次啄羽高峰,一是 1 月龄尾羽生长时,二是 2 月龄后翼羽生长时,为了减轻啄羽,应注意及时在饲料中增加一些含硫氨基酸和治疗啄羽方面的添加剂,像羽毛粉和停啄灵等都可以,羽毛粉和饲料的配比可以按照 1:5 的比例搭配;而停啄灵跟饲料的配比以 1:7 为标准,这样可以有效的阻止它们的啄羽行为。

2. 饮水管理

火鸭的饮水量是非常大的,因此,水槽内要保持有充足的饮水,而且,一定要注意经常进行换水,以保证水质的清新卫生。

3. 场地消毒

火鸭喜欢合群结伴,而且随时随地都会排出粪便,这样就比较容易引发病菌,所以,每天都要对栏舍进行消毒,可以选用双氯净,将其调配成 800 倍的稀液后,均匀的喷洒到栏舍的各个角落。

4. 卫生打扫

为了给火鸭创造一个干净、卫生的生活环境,每天都要打扫卫生,将栏舍冲洗干净,特别脏的地方还要用刷子进行清理,冲洗时一定要认真仔细,不要漏下任何一个角落,以免滋生细菌,给火鸭的生长造成带来不利因素。

5. 防疫

火鸭在快速生长的同时,容易产生鸭瘟或禽流感,对此,主要以预防为主,每隔一个月就要打一次疫苗,可以选用鸭三联疫病疫苗,30 天的时候,以每只注射 0.5 毫升为标准,生长到 60 天的时候以每只注射 1 毫升为标准。这样,它们就很少会发生疾病。

经过大约 4 个月的管理,商品鸭的体重基本上可以达到 3 000

千克,这时就可以上市出售了,同时,也要留取一部分种鸭,用来产蛋繁殖。

6. 种鸭的留取

可以按照公母 1:(4～5)的比例选留育种火鸭或产蛋火鸭,需要注意的是,在选留母火鸭时,要选择头小、颈长、眼大的母鸭;而公火鸭的标准为,体大、健壮、运动灵活。种火鸭留取后,还要进行断翅的工作。因为此时,它们已经快要具备飞翔的能力,为了防止火鸭逃跑,我们进行剪翅。

7. 剪翅

将火鸭翅膀上尾部的 5～6 根羽毛剪掉就可以了,这几根羽毛在火鸭飞翔中起着调节重心的作用,只要将一边翅膀上的羽毛剪掉,它们就没有办法飞翔了。

(三) 种鸭的饲养管理

70 日龄后按 1:(5～6)选留公火鸭,选留母火鸭要头小、颈长、眼大;公火鸭应体大、健壮、灵活。饲料可选用蛋鸭或蛋种鸭全价饲料,同时注意饲料中钙、磷比例,产蛋高峰期注意粗蛋白质含量和喂料次数,以利于高产稳产。产蛋期可在地上垫些松软稻草利于母火鸭产蛋。

1. 种鸭

留取后大约一个月就开始产蛋了,进入产蛋期之前的 3～5天,要注射一次疫苗,可以选用鸭三联疫病疫苗,疫苗量以每只火鸭注射 1 毫升为标准,将疫苗注射到火鸭的大腿跟部即可。之后,每隔 1 个月就要注射 0.5 毫升的剂量,这样,可以起到预防鸭瘟和禽流感的作用。

2. 饲喂

这一时期,饲料可以选用蛋鸭或蛋种鸭全价饲料,同时,要注意饲料中钙、磷比例,可以按照饲料、钙、磷 5:2:1 的比例进行调配,每天投喂三次,时间分别选择在上午 7:00,中午 13:00 和下午 18:00,每次投喂的数量以占火鸭个体重量的 6% 为标准。大约两个月后,就会进入产蛋高峰期,这时,要注意在饲料中加入蛋白质,按照每千克饲料中加入200克为标准,这样做有利于达到高产稳产的效果。

3. 饮水及消毒

养殖场地的水槽内一定不能断水,还要保证饮水的质量,每天都要及时换水。这一时期的消毒工作是必不可少的,每隔3天进行一次消毒,可以选用双氯净800倍稀液进行全舍喷洒,这样不仅可以保证火鸭的健康,还能防止所产鸭蛋受到污染。

4. 卫生打扫

每天都要打扫栏舍,不仅要进行全栏清扫,还要将水槽冲刷干净,以保证卫生,给母鸭产蛋创造一个舒适的环境。

5. 捡蛋

火鸭的产蛋是不定时的,因此,每隔3~5个小时就要捡一次蛋,容易捡起的地方直接将其放到桶内就可以了,数量较多时,可以用类似漏勺的器具将鸭蛋抄起,然后放入桶内。

第七章　蓝孔雀

　　蓝孔雀,也叫印度孔雀,主要产于巴基斯坦、印度和斯里兰卡,是印度的国鸟。蓝孔雀还有两个突变形态——白孔雀和黑孔雀。人工养殖的商品指蓝孔雀。蓝孔雀是百鸟之王,有山珍美味之称,属非保护动物,集美食、药用、观赏价值于一体。蓝孔雀肉为高蛋白低脂肪健康食品,蛋白质含量高达 28%,而脂肪仅 1%,肉鲜味美,《本草纲目》记载:"孔雀辟恶、能解大毒、百毒、药毒;肉(主治)解药毒、蛊毒;血(主治)解蛊毒;尿(主治)女子带下,小便不利,可傅恶疮。"现代医学验证孔雀有滋阴清热、平肝息风、软坚散结之功效。另外,孔雀羽毛可加工制成高级鱼漂及各种工艺品和装饰品。

一、生物学特性

(一)外貌特征

　　蓝孔雀和绿孔雀有一些差异,绿孔雀的腿、颈和翎羽较长,雌雄都有闪烁的金属光泽,叫声略低于蓝孔雀。蓝孔雀缺乏鞍羽。蓝孔雀同种异性差异很大,雄性体的蓝孔雀颈部、胸部和腹部呈灿烂的蓝色,羽光彩熠熠,身披翠绿色,下背闪耀紫铜色光泽,覆尾羽长 1 米以上,可以竖起来像一把扇子一样"开屏"。羽片上缀有眼状斑,由紫、蓝、黄、红等构成,屏开时光彩夺目,真可谓巧夺天工,令人叹为观止;尾羽上反光的蓝色的"眼睛"可以用来吓天敌。天敌可能会将这些眼睛当作大的哺乳动物的眼睛。假如天敌不被吓走的话,蓝孔雀还会抖动其尾羽,发出"沙沙"声。雄性蓝孔雀的总长度可达约 2 米,重 4~6 千克。行为生物学认为雄性蓝孔雀的长的尾羽可以用来标志一头动物的健康状况。雌性蓝孔雀比较容易受"眼睛"多的雄鸟的吸引。雌性相对于雄鸟比较小,很不显眼,其身长仅约1米,重2.7～4千克。羽色主要为灰褐,无尾屏,无距。幼孔雀的冠羽簇为棕色,颈部背面为深蓝绿色,羽毛松软,有时出现棕黄色。

(二)生长速度

蓝孔雀生长速度快,作为肉用特禽很适宜,经济成熟期为8个月。

(三)集群性强

在野生或家养下,自然选择配偶,即一雄多雌[1:(3～5)],家庭式活动,在一定活动范围内,集体采食与栖息,极少个别活动者。

(四)杂食性

以植物性饲料为主,也吃蝗虫、蟋蟀、蛾、白蚁、蛙、蜥蜴等动物。在圈养情况下以玉米、小麦、糠麸、高粱、大豆及大豆饼和青草为主,再加上鱼粉、骨粉、食盐、砂砾、多维素、微量元素、氨基酸、添加剂等。

(五)寿命长

孔雀的寿命为20～25年。成年孔雀每年8～10月份换羽,10月后大部分孔雀羽毛已换齐形态特征。

二、经济学特性

(一)营养丰富

蓝孔雀肉蛋白质含量高达28%左右,远高于一般禽类、蛙类、鳖、龙虾和石斑鱼,含多种氨基酸,配比极佳,属优质蛋白质。含脂肪仅为1%,维生素A、维生素E和维生素B的含量均超过鸡肝。蓝孔雀肉热量为4兆焦/100克,胆固醇少于50毫克/100克,远低于一般禽肉和鸡蛋,与蛇相当。骨钙含量接近20%,磷为9%,钙、磷比约为2:1,优于牛奶,与人奶接近,也是优质钙源。孔雀蛋含水分65.6%,蛋白质12.1%,脂类10.5%,糖类0.9%,矿物质10.9%。

（二）高档野味

全净膛屠宰率达 70% ~ 80%。肉用蓝孔雀肉质细腻,风味独特,用来炒片、炒丝、煲汤,香甜浓郁可口,色、香、味俱佳,是野味中之上品。

（三）药用价值

《本草纲目》中有孔雀辟恶,能解大毒、百毒及药毒的记载。可见孔雀的解毒功效在穿山甲之上,其药用价值在现代医学中也有广泛的前途,孔雀浑身是宝。

三、孔雀舍的建设

理想的孔雀场地应平坦或少有坡度,阳光充足,地势高,排水良好,环境干净,周围无其他动物及污染源,有较好的绿化。此外,场地土壤过去未被传染蓝孔雀的病原或寄生病原体所污染,透气性及透水性良好。场地的土壤以沙壤土或黄泥土为宜,水源清洁卫生。

孔雀胆小怕惊吓,要求环境安静,场地清洁干燥,任何嘈杂和突发高频声音均会引起雀群受惊骚动乱窜,并发出受惊的叫声;如产蛋期间受惊,立即引起产蛋率和受精率下降。饲养孔雀的场地应选择在地势干爽,环境安静的地方。栏舍结构主要考虑要有良好的光照,栏舍干燥和有充裕的活动场地等。平均每只种雀要有约 8 平方米的活动面积,其中 1/3 遮阳遮雨,2/3 露天作运动场,离地 2.5 米高处覆盖鱼网,栏舍周围用铁网或密集的竹条作围栏,靠近地面 1 米高以下最好使用铁网,栏舍的框架可用角铁、水管等,在运动场离地 1.3 米左右设一横梁栖架（铁或竹木）作孔雀栖息用。为保持栏舍干燥和提供孔雀沙浴条件,运动场要铺上 3 ~ 5 厘米厚的粗沙层。也可在运动场外种植果树遮阳。

孵化室:孵化室的总体布局和内部设计与一般孵化室相同,采用电孵。

育雏室:分为室内育雏和室外育雏。室内育雏 20 日龄前用角铁等材料搭成架,每个架 250 厘米 × 200 厘米,底高 80 厘米,内高 2 厘米。底及四周 50 厘米,用 1.5 厘米 × 1.5 厘米的电焊网,其余用胶网或鱼网。室外育雏 20 ~ 60 日龄,栏舍面积为 5 米 × 10 米,室内外各一半,室内高 4 米,上盖石棉瓦,室内外均匀搭上架,供孔雀栖息。在育雏期间,可用育雏伞或红外线灯泡加热。

成年孔雀栏:大小因地制宜,室内约占整个面积的 1/3,室内外均搭上架供孔雀栖息。每 100 平方米,饲养孔雀 20 ~ 50 只。

种栏:每栏饲养公孔雀一只,母孔雀 5 只,栏舍大小 5 米 × 10 米,室内外各半。

饲养用具:喂料盆用镀锌铁皮焊接而成;饮水器用塑料鸡用饮水器。

四、饲料

孔雀杂食粗饲,广泛采食豆类的籽实、禽蛋、虫类等,产蛋期间,可以种蛋鸡料为主,辅以小麦、玉米、高粱、豌豆、绿豆、竹豆等,并补饲少量黄粉虫、鸭蛋(煮熟)等的动物性饲料。同时,栏舍内要经常保持干燥、清洁,要有充足的饮水和保健砂。另外,每天要给予少量切碎的青料,如韭菜、象草等。成年雄雀 4.5 ~ 5.5 千克,雌雀 4 ~ 4.5 千克,平均每天食量在 250 克左右,日粮粗蛋白质 18% ~ 20% 左右,每千克饲料的能量在 11.51 ~ 12.36 兆焦。

自配饲料可参考由玉米粉 30%、高粱粉 10%、豆饼 20%、麸皮 10%、大麦渣 22%、鱼粉 4.5%、骨粉 3%、盐 0.5% 组成。补充饲料有骨粉、碳酸钙、贝壳、微量元素及多种维生素。青绿饲料须切碎拌喂,也可单独饲喂。粒料为常备饲料,麻子、苏子等油料作物为冬季的补充饲料。在繁殖期、换羽期或育雏期要适当多喂一些维生素 B_1、维生素 B_2 和维生素 E 以及贝壳粉、骨粉等矿物质饲料。

五、饲养管理

（一）孵化期的管理

1. 自然孵化

最好利用抱性强的乌骨鸡或土种草鸡来代孵，并用醒抱药催醒有抱性的母孔雀。一般体型小的抱鸡只能每次抱孵 4~6 个孔雀蛋。在孵化期间，将抱鸡每天上午、下午定时放出或抱出 2 次进行排粪，同时供应饮水和谷粒，约 15 分钟后抱回继续孵化。孔雀的孵化期为 26~28 天，其中在第 7 天、14 天和 21 天时分别验蛋。

2. 人工孵化

用孵禽蛋的电孵机，一般采用一次性可孵 500 个种蛋的孵化机，容量为 5 立方米。只要将孵化盘按孔雀蛋的尺寸改制后即可孵化。按常规消毒种蛋与孵化设备。

（1）温度　平面孵化器内温度宜在 38.5~39.5℃，立体孵化机内温度宜在 37.5~38℃。孵化室内温度维持在 24~27℃。出雏期温度下降 0.5℃，至于采取恒温孵化（分期入孵）或变温孵化（一次入孵）由入孵者据生产而定。

（2）湿度　相对湿度维持在 60%~65%，出雏期最好采用70%，孵化室相对湿度保持 65%~70%。

（3）翻蛋　头 7 天最好每隔 0.5~1 小时翻蛋 1 次，第 2 周 1~2 小时翻蛋 1 次，以后每隔 3 小时翻 1 次蛋。出雏前 3 天落盘后停止翻蛋。

（4）晾蛋　孔雀蛋蛋壳较厚，开头几天温度与湿度不能偏低，后期通风与湿度也应高些，才能正常出雏。

（二）育雏期的饲养管理

育雏期为两个月。一般都采用人工育雏法，1~20 日龄采用网养或笼养。每个网架长 250 厘米，宽 200 厘米，底网高 60 厘米，室内外均设栖架（供雏孔雀栖息）。应提倡笼育，可利用雏鸡用笼。雏雀出壳后,放保育箱内,1~3 天内要保持温度 30~31℃,一周龄保温要求 28℃以上,开食时首先喂 0.4% 高锰酸钾水,然后喂鸡花料和黄粉虫。雏雀十分喜爱吃黄粉虫,1 周龄后放入层笼育雏(三层),育雏笼为 100 厘米×70 厘米×40 厘米。1~2 周龄每格饲养 10 只雏雀,3~4 周龄每格 6~8 只,5~8 周龄每格养 5 只,8 周龄后转入育成雀栏,每栏养 10~12 只。育雏时笼底应放一块经消毒后的麻袋片,并需勤换,保持清洁干爽,料槽、水槽全日供料供水,饮水中适当添加复合维生素 B 水液,每日定时补给黄粉虫,8 周龄后逐渐供给青料,5 周龄时用鸡Ⅳ系疫苗进行饮水免疫 1 次。笼育雏温度与湿度:1~10 日龄 34~38℃,11~20 日龄 28~26℃,21~30 日龄 26~24℃,以后羽毛增多,可与室温相同;相对湿度控制在 60%~70%。

饲料与饲喂次数,蓝孔雀 1~10 日龄,日喂次数 4 次,饲料为熟鸡蛋、肉鸡饲料、青虫、补充饲料;11~30 日龄,日喂次数 3 次,饲料为熟鸡蛋、青绿饲料、肉鸡饲料、青虫、补充饲料;31~60 日龄,日喂次数 2 次,饲料同 11~30 日龄,再加玉米渣、稻谷等。

每群饲养量以 30~35 只为宜,每只雏孔雀占用栏舍 0.6 平方米左右,随日龄增加而降低饲养密度。采取自由取食和饮水。保持环境安静,防止惊群。并建立信号条件反射以便于管理。定期消毒、驱虫和防疫、灭鼠、防兽工作。及时隔检病雏。

(三)中雀的饲养管理

雏雀长至 8 周龄后放入育成雀舍饲养,每栏面积约 30 平方米,养 10~12 只中雀;栏舍地面铺垫 3~5 厘米厚的粗沙,保持栏舍干爽,提供沙浴;初喂中鸡料,逐步加喂粮食及豆类,每日补饲少许熟鸭蛋或黄粉虫,每天供一次切碎青料,栏舍内放置保健砂。中雀饲养至秋后,约 6 月龄,如作食用,可进行适当育雀,宰后胴体美观、色泽浅黄、肌肉层厚、肌纤维幼嫩,屠宰率 75%,每只耗料约 15 千克,肉料比约 1:4。中雀饲养至一年半左右,渐趋性成熟,这时要进行选种选配工作,选择生长发育正常、健康、双脚强壮、耻骨距离适中的个体为后备雀,同时考虑冠羽排列形式、颈羽、胸羽颜色状况。

公母比例1:(2~3)一个组,固定栏舍饲养直至产蛋,这时应适当控制能量饲料,避免脂肪沉积,影响繁育。

(四)成年期的饲养管理

孔雀成年期指2年以上产蛋期的孔雀或休产期的孔雀。种孔雀舍每栏公母配比为1:(3~5),每组孔雀占用栏15平方米,栏舍面积为5米×10米,室内外各半,网高5米。网孔为1.5厘米×2.5厘米,运动场上应种植遮阳植物。定时定量,保持安静,注意清洁卫生。

(五)繁殖期管理

蓝孔雀的繁殖期有强烈的季节性,一般在6~8月份。但在人工蓝孔雀饲养条件下,繁殖期往往可提前和延长,从而延长了产蛋季节。

在正常情况下,种用雀培育到22~24个月龄可产蛋,产蛋时间是3~8月,一般是每年农历"惊蛰"前后开始产蛋,每只母雀可产28~35枚。为保证受精率,公、母比例掌握在1:(2~3),即每个栏舍内只能养一只雄雀和配备2~3只雌雀,一个栏内不能同时养两只雄雀,否则,交尾期间,雄雀因争配造成相互打斗,影响受精。孔雀的利用年限最好是5~6年,年限长了,种蛋的受精率逐年降低。孔雀主要在每天上午8:00~9:00和下午16:00~17:00交尾,交配前雄雀争相开屏竞艳,雌雀发出咯咯声的求偶信号。这时,要保持环境安静,禁止围观。产蛋时间主要在每日下午17:00~21:00,多在栏舍遮阳角落的沙土中,用爪刨一小窝产蛋,也可人为地用旧汽车轮胎,中间放入一些稻草做巢窝,调教孔雀产蛋。为减少种蛋受污染,要在22:00前进行多次捡蛋。

(六)四季管理

1. 春季管理

在繁殖季节,活动量大,采食量也大,应及时调整饲粮,注意补充蛋白质、维生素、矿物质饲料。在角落处设产蛋箱(铺垫沙子或软草)。

2. 夏季管理

气温高、多雨、湿度大，采食量顿减，产蛋量下降，并逐渐停产。应多喂精料，增加青绿饲料，防止霉变。做好清洁卫生和防暑降温工作。

3. 秋季管理

虽秋高气爽，但气温下降，光照缩短，又值孔雀正常生理换羽期，饲粮中要减少或停止油料饲料。应在换羽期间采取强制性换羽，可以有效地缩短自然换羽天数，另外可以获得优质价高的羽翎，可通过对水、饲料和光照的适当控制，并突然改变其生活环境条件，以达到整齐换羽的目的。也可在不限制饲喂的条件下，酌喂氧化锌添加剂（当含锌量达至 20 000～50 000 毫克/千克时，应先个别做试验后再采用）。可使孔雀 7～10 天后加速换羽，夜间可试拔主翼羽、覆尾羽，如能轻易拔除则拔羽，拔不动则不要拔，50% 羽毛脱落或拔除时，则应停喂锌添加剂。也可使用肌注 2 500～5 000国际单位睾丸酮和 5～10 毫克的甲状腺素，被肌注母孔雀变得迟钝和不爱活动，个别还出现"企鹅"姿势。经 3～4 天后症状消失。一般于注射后第 2 天停产，至 5～7 天几乎全部脱落，并开始迅速长出新羽束。此方法同样要做一些活体试验后应用。另外在饲粮中要增加动植物蛋白质和维生素、矿物质、微量元素的含量，促进羽毛生长。做好越冬准备工作。

4. 冬季管理

天气寒冷，除做好御寒保暖工作外，在饲粮中增加谷粒和油料种子量。地面可铺些垫料，保暖的同时注意通风。在休产季节进行防疫与防治寄生虫病工作。

六、疾病的防治

（一）新城疫

【病因】　由新城疫病毒引起的一种急性传染病，各龄期孔雀一年四季均可发病,危害极大。

【症状】 病孔雀病初精神萎顿,有渴感,体温高达43℃。离群呆立,不上架,成年孔雀也不开屏;食欲降低,羽毛松乱且无光泽,翅下垂,呈昏睡状;呼吸时发出声音,并咳嗽,排黄绿色稀便。后期有的孔雀出现走路摇摆,共济失调。严重者趴卧不动,不饮不食。体温下降,倒提时有大量酸臭液体从口中流出。

【防治】 7～10日龄皮下注射新城疫油乳剂灭活苗0.2毫升,同时7日龄和30日龄分别两次用新城疫Ⅳ系苗滴鼻眼或饮水,60日龄注射新城疫Ⅰ系苗。首先应紧急注射卵黄抗体,相隔5～7天再用新城疫疫苗进行饮水免疫1次

(二)球虫病

由球虫引起的一种寄生虫病,主要侵害幼年孔雀,表现为排糖状稀粪和血粪。

【症状】 病孔雀精神不振,羽毛松乱,双翅下垂,眼半闭,缩颈蹲坐,或挤成一堆,贫血,不食,嗉囊充满液体,排红色稀粪,混有血液和肠黏膜组织,肛门周围羽毛沾污粪便。

【防治】 隔离病鸟,用3%来苏儿消毒环境,加盖沙土、锯末,保持鸟舍地面干燥、松软,减少饲料中麸皮和钙的含量,降低对肠黏膜的刺激。对患雀肌内注射青霉素2 000单位/次,1次/天,或磺胺六甲氧嘧啶0.05克/千克体重,1次/天,首次量加倍。维生素K$_3$饮水,多种维生素拌料,连用3天。预防用抗球虫药拌料或饮水。氨丙淋250毫克/千克的浓度饮水,或青霉素1万～2万单位/只饮水,连用3天。

(三)组织滴虫病

又称黑头病、盲肠肝炎,由组织滴虫引起原虫性寄生虫病。

【症状】 病孔雀精神不振,采食减少,羽毛蓬松,两翅下垂,行走无力,蜷缩发呆。发病初期排出带有泡沫的淡黄色稀粪,混有血丝,中后期经常排出灰色粪便,有的下痢,恶臭。病孔雀开始体温较高,死前体温下降、闭眼、嗜睡。病程一般为5～15天。

【防治】 首先将发病的孔雀隔离治疗,笼舍进行火焰消毒及化学药物消毒,同时肌内注射青霉素 2 次/天。对于腹泻严重者,应给以口服补液盐和多种维生素,7 天为 1 个疗程。4 周龄开始服用 1 次左旋咪片 25 毫克/千克体重。

(四)传染性法氏囊病

由传染性法氏囊病毒引起的免疫抑制性、高度接触性传染病,主要发生于 30~50 日龄幼孔雀。春末夏初季节多发。

【症状】 病孔雀精神高度萎靡,缩头、闭眼、伏地昏睡,颈部羽毛竖起,全群采食量大减,饮水增多,排白色水样稀粪,肛门周围的羽毛沾有粪便。剖检法氏囊见体积增大 1~2 倍,在囊的外面有淡黄色胶样渗出物。严重者胸腿肌肉有片状出血斑,腺胃与肌胃的交界处上有带状出血。

【防治】 可注射法氏囊高免蛋黄液或高免血清。于 7~10 日龄皮下注射 0.4 毫升法氏囊油乳剂灭活苗。14、28 日龄 2 次用传染性法氏囊弱毒疫苗饮水或滴鼻。

(五)马立克氏病

由马立克病毒引起的肿瘤性传染病,主要发生于育成雀和产蛋前的孔雀。多在夏、秋季发生。

【症状】 病孔雀精神不振,废食,渐进比消瘦,站立不稳,出现扭头、仰头现象。严重者一条腿或两腿麻痹,卧地不起,形成"大劈叉"的特殊姿势。

【防治】 用马立克疫苗注射免疫,方法是于雏孔雀出壳 2 小时内注射马立克液氮苗。对育雏早期的孔雀应控制野毒感染。

(六)大肠杆菌病

由不同血清型大肠杆菌引起,常继发或并发其他疾病。

【症状】 病初孔雀精神沉郁,食欲不振,羽毛松乱,排黄白色或绿色稀便。然后孔雀头部肿大,出现单侧或双侧眼肿胀,闭目流泪,极度沉郁,呼吸困难直至两眼失明,不饮不食,衰竭死亡。剖检病死孔雀消瘦,切开眼部内含黄白色豆腐渣样物质,眼球外层覆盖一层浑浊的淡白色薄膜,喉部有黄色干酪样渗出物。

【防治】　清洁孔雀舍,更换垫料,用0.5%"百毒杀"(癸甲溴铵溶液)带孔雀消毒,连续1周。一般该病原对庆大霉素、环丙沙星等较敏感,肌内注射庆大霉素,连续1周。连续给以多维、口服补液盐。用醋酸可的松滴眼、洗眼,持续1周,一般可治愈。

(七)曲霉菌病

又称曲霉菌性肺炎、真菌性肺炎。是由多种霉菌混合,特别是肺曲霉菌所引起的一种以肺部和气囊感染为主的传染病。其特征是出现呼吸道炎症。

【症状】　病孔雀精神沉郁,羽毛松乱,拒食,饮水增加,口鼻有分泌物,张口伸颈,眼球突出,眼睑形成干酪样物,出现灰白色或黄绿色下痢。剖检肺部、气管有灰白、浅黄色渗出物,表面有同样颜色的结节;肝脏肿大、质脆,也有黄白色结节;肠道有卡他性炎症;肾脏肿大,有少量尿酸盐沉积,气囊浑浊并有坏死点。

【防治】　发现病情,立即隔离,将未发病的孔雀转入已消毒好的新舍内,对原舍进行彻底消毒,将垫料和死亡的孔雀在远处深埋。对发病孔雀,可用制霉菌素和碘化钾连续服用1周,健康孔雀半量预防,同时加入多维并口服补液盐。

第八章　绿头野鸭

　　绿头野鸭又叫大红腿鸭、大麻鸭、大野鸭,是由野生绿头野鸭进行人工驯养后,加强选育或进行杂交而培育成的特种水禽业的一个新品种。近年来,我国先后从德国和美国引进数批绿头野鸭进行繁殖,饲养,推广,成为我国各地开发特禽养殖的新项目。在我国东部地区已形成了绿头野鸭的繁殖制种基地。随着野鸭市场经营的不断扩展以及人们进一步对绿头野鸭的接受,绿头野鸭不仅在国内市场大有销路,而且是港澳、日本、西欧等国际市场上消费的一个新热点。

一、生物学特性

　　1. 杂食性
　　野鸭食性杂而广,耐粗饲,植物种子、根茎叶菜、谷实、杂草、软体动物等均能采食。
　　2. 喜水性
　　野鸭喜在河流、湖泊、沼泽地以及水生植物较多的地方栖息。
　　3. 合群性
　　野鸭喜全群生活,有群居习惯,迁移时多结群而行。
　　4. 警惕性
　　野鸭胆小,警惕性高,遇见陌生人或畜禽,即发出惊叫,成群逃避。
　　5. 抗逆性
　　野鸭的适应性广,抗逆性和抗病力强,在较适当的环境条件下饲养,很少有发病和不适应的现象。

二、场地建设

胆小、易受惊是野鸭的习性,而且受惊吓对野鸭的健康和生长会产生明显的不利影响。因此,野鸭饲养场应该选择在周围相对安静,与村镇等人员集中的地方或人员和车辆来往频繁的交通要道要保持一定的距离,减少野鸭所受到的外界干扰,也有利于卫生防疫工作的开展。

绿头野鸭具有喜水的特性,野鸭场必须要有一定的水域面积。可利用天然水场或人工挖个水池,如在水流平缓的河流、鱼塘附近建场是比较理想的。

绿头野鸭舍的建筑应符合野鸭的野生习性,应该由 3 部分组成:一部分为休息室,一部分作露天活动场,另一部分为水上活动场。房舍周围及陆地活动场上可栽些树木、牧草,营造一个近似于野生的环境。7 周龄后的绿头野鸭善飞,所以必须要在陆地及水上运动场建天网和围网。网高距水面或地面 2.5 米左右,水面的围网要深及水底与天网连成一个封闭体,以防绿头野鸭飞走。天网与围网孔眼 3 厘米×3 厘米。用尼龙网或绳网均可。每 100 只野鸭饲养面积:1~30 天,舍面积 5~7 平方米,运动场 10 平方米,水场面积 10 平方米;31~70 天,舍面积 10~15 平方米,运动场 20平方米,水场 15 平方米。70 天以上舍面积 15~20 平方米,运动场 30平方米,水场面积 15 平方米。

三、绿头野鸭的饲料和营养需要

绿头野鸭营养要求与家鸭基本类同,在一般情况下,饲喂家鸭专用全价颗粒饲料也可以。如自行配制混合饲料可用如下配方:①0~30 日龄配方:玉米 47.3%、小麦 15%、麦麸 10%、豆饼 22%、鱼粉 4%、贝壳粉 1.5% 及食盐 0.2%;②31~70 日龄配方:玉米

40.8%、小麦 14.5%、米糠 17.5%、稻谷 8%、豆饼 13.7%、鱼粉 4%、骨粉 1% 及食盐 0.2%。以上配方,均须按说明书另掺入禽用多种维生素和微量元素添加剂并充分拌和。

四、绿头野鸭的饲养管理

(一)育雏鸭管理

1. 选雏进舍

选择体质健壮,眼大有神,体态活泼,绒毛有光泽,抗病力强,手握雏体挣扎有力的健雏进入鸭舍,鸭舍事先要进行消毒。雏鸭对温度比较敏感,因此需对进入育雏舍的雏鸭给予保暖。保温是育雏的技术核心,也是提高成活率的关键。

保温标准:①出壳 2 天以内的野鸭以在保温箱或保温室内均匀分布睡觉为准;②2 天以后以在箱(室)内自由活动,非常活泼为准,保温的一切工作必须以这个标准为中心。如温度太低,野鸭轻则啼叫,重则往热源下拥挤扎堆,造成压死堆死,如长时间未纠正则会下痢,或冻死、病死。初生雏鸭温度要求在 31℃ 为宜,随后以每天 0.5℃ 递减,一周后每天降温 1℃,两周后保持在 21℃,一般在 3 周以后可按常温饲养。

育雏室在不影响温度的情况下,通风换气量越大越好,以人进入室内无憋气感觉和无氨味最佳。湿度应控制在 60% ~ 70%。1 ~ 3 日龄时,育雏室应保持 24 小时光照,以便雏鸭有充足的采食时间,满足生长发育的需要。从 4 日龄开始采用 18 小时光照,6 小时黑暗的光照方式。另外,要控制好饲养密度,夜间应有专人看守,防止打堆挤压。

2. 饮水开食

雏鸭进入雏舍半小时后饮 0.1% 的高锰酸钾水,以排除胎粪,水温 20 ~ 23℃ 为宜,并添加适量维生素 C。1 周后饮温开水,以后饮常温水,水质要求清洁,水中加入 B 族维生素,用小饮水器。首次饮水后即可开食,可用蒸煮八分熟的小米、碎米或用开水浸泡的雏鸭全价饲料,撒在塑料布上诱食。根据野鸭喜欢吃流食的习性,7日龄开始用水拌料,1~2周龄每日喂6次,3~4周龄每日喂4次。日采食量为:1~4日龄8克,5~14日龄20克,15~29日龄50克,30日龄以上90克。

3. 饲料要求

野鸭饲料主要以玉米粉为主,另外还有小麦粉、豆饼、米糠、鱼粉、骨粉、食盐等。为了满足野鸭野生食性的需要,雏鸭开食时就可在饲料中加入少量鱼粉,以后要注意在饲料中要加入小鱼、小虾、田螺肉、蚌肉、蚯蚓等动物性鲜活饲料。一个月后,要降低蛋白饲料同时增加粗饲料,并且逐渐增加青绿饲料的饲喂量。

4. 放水训练

放水有益于野鸭的生长发育和清洁卫生。但绿头野鸭怕下水,致使全身羽毛干焦、无光泽,且常会发生背部羽毛生长困难的情况。因此需要对其进行下水训练。雏野鸭的放水训练于5日龄开始,选择晴朗天气实施,第一次让雏鸭下水时,运动场水池水深约10厘米。将雏鸭赶下水走动2~3分钟,随即赶上运动场,待其羽毛稍干后放回室内保温。第1天两次放水训练,第2天3~4次,第3天仍3~4次放水,只是每次时间增加到10分钟或多一点。随着日龄增加,放水次数逐渐增加,放水时间加长,水深加深,直到雏鸭适应戏水活动。放水训练要注意几个问题:①防止淹死或受寒而死;②要循序渐进,切不可等雏鸭长大后再进行,亦不可妄想一次两次就成功;③训练时可在水中投放些许切碎的青饲料,以诱导增加雏鸭的水中活动。

(二)育成鸭的饲养管理

31~90日龄的野鸭称育成野鸭,为生长最快期。通常90日龄时体型和体重已接近种鸭,其后增重很慢,如作肉用此时可上市。

1. 鸭舍

应选在地势较高、背风向阳、无污染源、交通方便的地方建造。

多用半露式鸭舍,室外有足够的活动场地和水面。水面以河流、水库等活水源为好,以利于水质净化。鸭舍、活动场地、水面三者的面积之比为 1∶2∶3 为宜,密度以 10~15 只/平方米为好。

2. 设网

50 日龄左右野鸭翼羽已基本长齐,开始学飞翔。为防飞逃,在活动场地及水面四周应设网防逃,可用尼龙绳编织,网目以 2 厘米×2 厘米为宜,高度与鸭舍同,水面四周的应深及水底,以防潜水外逃。

3. 饲喂

喂以全价饲料,日喂 3 次,日投料量为体重的 5%,适喂蔬菜等,以补充维生素。

4. 管理

育成野鸭排泄量大,易污染鸭舍,故应每天清扫鸭舍,勤换垫草,开窗透气,保持鸭舍清洁干燥。条件所限用小池塘作活动水面时,应及时换水,保持水质清洁,并常检查防逃网是否牢固。

(三)产蛋种鸭的饲养管理

1. 选种

70 日龄后选留公母鸭,选留母鸭要头小、颈长、眼大;公鸭应体大、健壮、灵活。饲料可用蛋鸭或蛋种鸭全价饲料,同时注意钙、磷比例,产蛋高峰期注意蛋白含量和喂料次数。在产蛋期可在地上人工造些陷窝,垫些松软稻草利于母鸭产蛋。

2. 比例

密度以 8~10 只/平方米,公母比例以 1∶5 为宜,这样种蛋受精率可达 85% 以上。公鸭过多浪费饲料,影响母鸭健康;公鸭过少,交配不匀,降低种蛋受精率。

3. 光照

光能刺激种鸭的新陈代谢,促进脑垂体分泌促性腺激素,而促进排卵光照的强弱和时间,影响产蛋率高低。产蛋期每天光照

15～16小时,可每20平方米配一只30瓦灯泡,离地2米,这样可延长产蛋期,增加产蛋量。

4. 拣蛋

墙壁四周为产蛋区,产蛋期内应按每4只母鸭配一产蛋窝,内垫松软干燥的垫草。母鸭产蛋时间多在夜间1:00～4:00,故白天应让鸭充分洗浴、运动、晒太阳和交配,以提高产蛋量、受精率和孵化率。为防蛋破损、污染和受冻,放鸭后应及时检蛋。

5. 饲喂

喂以全价配合饲料,日喂3～4次,喂料应以产蛋率的高低、气候情况而定,整个产蛋期的喂量和营养水平要相对稳定,不得骤然增减。

6. 管理

要有良好的洗浴条件,因交配主要是在水中完成,故水面的大小和水质的好坏,直接影响种蛋受精率。交配旺期为每日早晚,此期内应主动将种鸭轰下水促进交配。种鸭虽喜水,但忌舍内和运动场潮湿,故每天应清扫舍内地面,清出湿垫草和粪便。夏季天气闷热,影响公鸭性活动,交尾次数减少,受精率下降。应在网顶盖草席,及时开棚放水,在舍内洒水降温。冬季应搞好防寒保温。放水前要噪鸭,即将鸭群哄起,缓缓驱赶在舍内作圆圈运动,每次3～5圈,以增加运动产热,提高御寒能力,以免直接下水受凉而减产。

7. 环境

种鸭胆小怕惊扰,应保持舍内安静,尽量减少和避免环境骤变和惊吓等,防止应激反应。此外,成年鸭善飞,易压伤青年鸭;青年鸭好动,影响成年鸭产蛋,故不同日龄野鸭宜分开饲养,以防相互影响。

8. 关蛋

即人工强制鸭群停产,促进换羽。为使种鸭全年均衡生产,或因季节性饲料缺乏,产蛋率自然降低时,即可采取人为的措施,使鸭群集中在短期内全部停产,再加强饲养管理,使之整齐开产。关蛋可缩短休产期和换羽过程,提前恢复产蛋,且蛋大质量好,关蛋多在夏初进行。对象是 2 年的老鸭群,当产蛋率降至 70% 左右,部分老鸭开始换羽时即可关蛋先将母鸭关在棚里,停止放牧,减少精料,改喂粗料,停喂青料和荤料。经 5~6 天,多数鸭停产,逐渐消瘦,羽毛松乱,8 天后翅羽和尾羽开始长出,背、胸和腹部的羽毛大部分脱落,即可逐增精料喂量,并开始放牧。当羽毛有光泽,体力恢复后,进一步加喂精料和荤料,一般关蛋 20 天左右,鸭群会遂渐恢复产蛋。

(四)肉野鸭的饲养管理

仔公鸭和不作种用的仔鸭经短期育肥,可作肉鸭供应市场。

1. 放牧育肥

这是较经济的育肥方法。放牧前仔鸭应脱温、断翅,习惯于生食,逐日延长外放时间,使之有一适应的过程。一般是立秋稻谷收割后,将野鸭放牧在茬田捡食落谷。要选好放牧的路线、地段和水源,由近及远。在河网地带要充分利用河道放牧,以减少体力消耗,确保采食、饮水两不误;注意天气变化;防止农药中毒。放牧密度以 10~15 只/亩为宜,出牧前喂半饱,下午视采食情况决定是否补饲及其数量。经 1~2 月,待放牧区落谷捡食完毕,肉鸭即可上市销售。

2. 圈养育肥

放牧场地不足而饲料条件好时,采用此法。要求有简易棚舍,舍外有水源和陆地运动场。主要用大小麦、碎米、次稻、玉米、糠麸、块根块茎类和动物性饲料,适喂青料。并多喂富含碳水化合物饲料,促进增膘长肉。每次喂料后应洗浴 5 分钟,然后在运动场理干羽毛,安静休息,并保证饮水,促进肥育。养肉野鸭不提倡"羽毛齐全",不能以"羽毛齐全"作为出售标准,否则每天采食的营养全耗在长毛上,而体重则每天下降 5~10 克,要复原需多养 30~40 天。

五、疾病防治

疫病以预防为主,鸭场内外不宜饲养其他家禽,禁用霉变饲料及霉变垫草,以防发生霉菌中毒。平时常用穿心莲、金银花等熬汤拌食饲喂,可减少野鸭发病,还要做好舍内清洁消毒工作,保持舍内通风和透光。

3~7日龄用鸭病毒性肝炎疫苗首次免疫,隔10天后进行第2次免疫;8日龄用传染性浆膜炎菌苗接种;20日龄用鸭瘟疫苗首次免疫,隔30天后进行第2次免疫。

如发生禽霍乱,要及时用青霉素5万单位,链霉素5万单位混合肌注,每天2次;如用1千克穿心莲干草煎水供500只成鸭饮用,也有良效。春秋季易发生曲霉菌病,可给每只雏鸭口服制霉菌素3~5毫克,并用0.1%硫酸铜溶液作为饮水,有良好疗效。

第九章　绿壳蛋鸡

绿壳蛋鸡又称青壳蛋鸡,是我国近年来发现的稀有地方鸡种。该鸡所产的蛋为天然绿色,内含丰富的维生素、微量元素及卵磷脂、脑磷脂等。鸡肉可食,肉味鲜美,内含丰富的维生素 A 和多种氨基酸及丰富的黑色素,有降血压、降血脂和抗衰老的功效,为天然保健食品。

一、生物学特性及品种

(一)生活习性

1. 喜食五谷杂粮、青草、牧草和青菜叶等,采用普通的饲料加青草、菜叶饲喂即可,一般草类饲料占其日粮的 20% 左右。绿壳蛋鸡从出壳至 3 月龄,体重可达 1.2 千克,果林散养山地放牧食性广杂,生长速度快。成年公鸡体重 1.5 ~ 1.8 千克,母鸡体重 1.1 ~ 1.4 千克,年产蛋 160 ~ 180 枚。

2. 适应性强,饲养范围广。绿壳蛋鸡在自然生态环境条件下适应性强,抗病性强,具有较强的抗寒和耐热能力。绿壳蛋鸡的受精率和孵化率均为 85% 左右,育雏率和育成率均可达到 90%。

3. 饲养容易,经济效益高。绿壳蛋鸡性情极为温和,不善争斗,喜欢群居,无飞翔能力,无啄蛋和其他恶癖,适于果园、山坡地放养,还适于家庭庭院散养。

(二)品种

1. 东乡黑羽绿壳蛋鸡

由江西省东乡县农科所和江西省农业科学院畜牧所培育而成。体型较小,产蛋性能较高,适应性强,羽毛全黑、乌皮、乌骨、乌肉、乌内脏、喙、趾均为黑色。母鸡羽毛紧凑,单冠直立,冠齿 5 ~ 6个,眼大有神,大部分耳叶呈浅绿色,肉垂深而薄,羽毛片状,胫细而短,成年体重 1.1 ~ 1.4 千克。公鸡雄健,鸣叫有力,单冠直立,暗紫色,冠齿 7 ~ 8 个,耳叶紫红色,颈羽、尾羽泛绿光且上翘,体重 1.4 ~ 1.6 千克,体型呈"V"形。大群饲养的商品代,绿壳蛋比率为 80% 左右。该品种经过 5 年 4 个世代的选育,体型外貌一致,纯度较高,其父系公鸡常用来和蛋用型母鸡杂交生产出高产的绿壳蛋鸡商品代母鸡,我国多数场家培育的绿壳蛋鸡品系中均含有该鸡的血缘。但该品种抱窝性较强(15% 左右),因而产蛋率较低。

2. 三凤绿壳蛋鸡

由江苏省家禽研究所(现中国农业科学院家禽研究所)选育而成。有黄羽、黑羽两个品系,其血缘均来自于我国的地方品种,单冠、黄喙、黄腿、耳叶红色。开产日龄 155 ~ 160 天,开产体重母鸡1.25 千克,公鸡 1.5 千克;300 日龄平均蛋重 45 克,500 日龄产蛋量 180 ~ 185 枚,父母代鸡群绿壳蛋比率 97% 左右;大群商品代鸡群中绿壳蛋比率 93% ~ 95%。成年公鸡体重 1.85 ~ 1.9 千克,母鸡 1.5 ~ 1.6 千克。

3. 三益绿壳蛋鸡

由武汉市东湖区三益家禽育种有限公司杂交培育而成,其最新的配套组合为东乡黑羽绿壳蛋鸡公鸡做父本,国外引进的粉壳蛋鸡做母本,进行配套杂交。商品代鸡群中麻羽、黄羽、黑羽基本上各占 1/3,可利用快慢羽鉴别法进行雌雄鉴别。母鸡单冠、耳叶红色、青腿、青喙、黄皮;开产日龄 150 ~ 155 天,开产体重 1.25 千克,300 日龄平均蛋重 50 ~ 52 克,500 日龄产蛋量 210 枚,绿壳蛋比率 85% ~ 90%,成年母鸡体重 1.5 千克。

4. 新杨绿壳蛋鸡

由上海新杨家禽育种中心培育。父系来自于我国经过高度选育的地方品种,母系来自于国外引进的高产白壳或粉壳蛋鸡,经配合力测定后杂交培育而成,以重点突出产蛋性能为主要育种目标。商品代母鸡羽毛白色,但多数鸡身上带有黑斑;单冠,冠、耳叶多数为红色,少数黑色;60%左右的母鸡青脚、青喙,其余为黄脚、黄喙;开产日龄140天(产蛋率5%),产蛋率达50%的日龄为162天;开产体重1.0~1.1千克,500日龄入舍母鸡产蛋量达230枚,平均蛋重50克,蛋壳颜色基本一致,大群饲养鸡群绿壳蛋比率70%~75%。

5. 招宝绿壳蛋鸡

由福建省永定县雷镇闽西招宝珍禽开发公司选育而成。该鸡种和江西东乡绿壳蛋鸡的血缘来源相似。母鸡羽毛黑色,黑皮、黑肉、黑骨、黑冠。开产日龄较晚,为165~170天,开产体重1.05千克,500日龄产蛋量135~150枚,平均蛋重42~43克,商品代鸡群绿壳蛋比率80%~85%。

6. 昌系绿壳蛋鸡

原产于江西省南昌县。该鸡种体型矮小,羽毛紧凑,未经选育的鸡群毛色杂乱,大致可分为4种类型:白羽型、黑羽型(全身羽毛除颈部有红色羽圈外,均为黑色)、麻羽型(麻色有大麻和小麻)、黄羽型(同时具有黄肤、黄脚)。头细小,单冠红色,喙短稍弯,呈黄色。体重较小,成年公鸡体重1.30~1.45千克,成年母鸡体重1.05~1.45千克,部分鸡有胫毛。开产日龄较晚,大群饲养平均为182天,开产体重1.25千克,开产平均蛋重38.8克,500日龄产蛋量89.4枚,平均蛋重51.3克,就巢率10%左右。

7. 卢氏绿壳蛋鸡

卢氏鸡是一种比较古老的地方优良品种,属片羽型非乌骨系绿壳蛋品系,国内外罕见,它具有觅食力强、耐粗饲、能飞善跑、抗病力强、个体轻巧、产蛋多、耐贮藏等优点。蛋壳青绿色,外观独特,蛋白浓稠,蛋黄大呈桔红色,经农业部质检中心测定营养成分显著高于普通鸡蛋,且明显具有三高一低(高锌、高碘、高硒、低胆固醇)的特征。

二、饲养管理

(一)种蛋孵化

种蛋应选择 40 克以上的蛋,采用人工孵化,其孵化技术要点如下:①温度和湿度:分批入孵,宜采用恒温孵化,每批蛋要求交叉间隔放置,入孵种蛋要注意大头向上放在蛋盘上,孵化第 1~18 天,孵化机内温度(蛋面温度)以冬季 37.8℃、夏季 37.5℃为宜;孵化至第 19 天转入出雏机,种蛋注意放平,机内温度冬季 37.2℃、夏季 37℃;相对湿度第 1~18 天为 60%,第 19~21 天为 70%;②翻蛋:每 2 小时翻蛋 1 次,角度 90°;③出雏:一般孵至第 20 天开始出壳,21 天基本出雏完毕;④消毒:种蛋产后 0.5 小时和入孵前必须各消毒 1 次,出雏完毕,做好清洁和消毒工作,常用福尔马林熏蒸或百毒杀等喷雾消毒。

(二)育雏期管理

1. 育雏舍的准备

育雏方法可根据实际条件选用地面平育或网上平育等。地面平育时,育雏室应铺上铡短的稻草或秸秆等作为垫料,并且应经常更换垫料,保持垫料干燥、卫生。网上平育时,对 1 周龄内的雏鸡,应在底网铺垫麻袋片,以防幼雏因双腿软弱无力而造成双腿叉开甚至畸型。雏鸡移入育雏室前,育雏室内外和用具均要彻底消毒,育雏室喷洒 0.5% 的新洁尔灭溶液,饮食用具用 0.5% 高锰酸钾溶液浸泡、洗刷。

2. 饲养管理

(1)温度 适宜与否,是育雏成败的关键之一。出壳 3 天内育雏器内温度为 35℃,以后每星期降 3℃左右,直至与室温相同。保温方法与其他雏鸡一样,可用煤炉、保温伞、红外线等供暖,具体选择视规模条件而定。育雏室内的温度前 1 星期在 24℃以上,以后逐渐降至 20~21℃。脱温应逐步进行,至少要有 5~7 天适应期,切不可突然脱温或降温太快。脱温日龄视不同的地区气候条件与季节而定,一般春季 30～40 日龄脱温,夏季 10 日龄脱温,秋季 10～15 日龄脱温,冬季 40 日龄脱温。

(2)湿度　育雏前期室温较高,若湿度过大,利于微生物繁殖,易引发球虫病。若湿度太低,空气干燥,温度又高,呼吸散发水分多,不利雏鸡腹内剩余蛋黄的吸收,影响雏鸡发育。

雏鸡不同日龄的空气适宜湿度:1～10 日龄为 65%～70%;11～30 日龄为 60%～65%;31 日龄以后为 50%～55%。雏鸡 14 日龄前以保温为主,适当通风;15 日龄后在不影响舍内温度的前提下加强通风,但要注意防止贼风进入。

(3)密度　1～2 周龄平养、笼养、网养密度分别为 50 只/平方米、75 只/平方米、60 只/平方米;3～4 周龄分别为 40 只/平方米、65 只/平方米、50 只/平方米;5～6 周龄分别为 35 只/平方米、50 只/平方米、40 只/平方米。

(4)光照　①密闭式鸡舍:1～3 日龄为 24 小时;4～7 日龄为 23 小时;8～14 日龄为 15 小时;15～21 日龄为 12 小时;22～28 日龄为 10 小时;29～126 日龄为 8 小时;②开放式鸡舍:应根据出鸡的日期、地理位置选择不同的光照制度。每年 4 月 15 日至 9 月 1 日孵出的雏鸡,育雏期光照:1～3 日龄为 24 小时;4～7 日龄为 23 小时;8 日龄开始每天减少 1 小时,直至全用自然光照。每年 9 月 2 日至翌年 4 月 14 日孵出的雏鸡,较易实行的光照方案为恒定光照法。首先计算雏鸡到 18 周龄时的日期,其次查出本地区该日期的日照时间,从雏鸡出壳后第 8 天起就开始保持此光照长度(日照不足部分用人工光照补充),1～3 日龄 24 小时,4～7 日龄 23 小时,以后保持绿壳蛋鸡 18 周龄时的日照长度。育雏舍 0～7 日龄可采用 20～30 勒光照,从 8 日龄起可采用 5～10 勒光照。

适时饮水、开食。一般先饮水后开食,雏鸡进入育雏室,让其先休息 20～30 分钟后开水,饮用在 30℃ 左右的温开水。最好在饮水中添加 5% 葡萄糖和 0.1% 维生素,可增强雏鸡体质,加强体内有害物质的排泄。饮水后,当有 60%～70% 的雏鸡起身蹦跳且有啄食地面表现时,即可用碎米、小米、玉米粉或普通雏鸡的配合颗粒料开食。3日龄后改喂配合饲料,开食料撒于铺在地面的浅色塑料布或浅盘上,8~21日龄可用食槽喂料,22日龄以后用料桶饲喂,且随鸡的生长及时调整桶的高度,以免浪费饲料。由于雏鸡的消化吸收功能还很弱,饲喂时应以少给勤添为原则。开食第1天每2小时喂1次,至2周龄前每日饲喂4次,3~4周龄每日饲喂3次,5周龄后每日饲喂2次,育成之前的喂量以八成饱为宜,喂食要定时定量。雏鸡4日龄以后开喂青饲料,喂量占日粮总量的10%,不宜过多,以免引起下痢,要求用新鲜适口易消化青菜、青嫩草叶切碎喂,以后随雏鸡日龄增长,青饲料可加喂到饲料总量的20%~30%。1周龄起尤其是笼养和圈养的,需经常喂些小米粒大小的砂粒,以利肌胃消化食物。

平时还应经常观察,尤其育雏第1周,应勤换垫料,适当通风,及时分出弱雏,病重的要淘汰,发现问题及时处理。另外还要适时断喙。为避免啄羽、啄肛、啄趾等恶癖的发生,可于6~9日龄进行断喙。断喙时要避开炎热气候和免疫期间,断喙后增加维生素K的给量,以防流血过多。食槽要加满料,以便鸡只采食。

(三)育成期饲养管理

通常将绿壳蛋鸡7~18周龄称为育成鸡阶段,应尽量养活并转群次数,采用育雏育成笼(舍),有的甚至采用育雏育成产蛋鸡舍。育雏至4~5周龄主要防疫工作结束后,可利用田野、人工草场、林地等自然条件进行放养。放牧饲养的绿壳蛋鸡肉质好,风味独特,母鸡产蛋期蛋壳颜色好,蛋颜色橘红色,品质好,是今后生产绿色食品的主要生产方式。放牧前,公母鸡要分开饲养;夏季应将补饲料桶(槽)及饮水器放在阴凉处,并充分供给清洁饮水;活动鸡舍的间距不小于200米。

控制体重实践证明,母鸡的体重愈接近标准体重,产蛋水平越高。限饲前按体重大小进行分群,体重小的鸡应延迟限饲时间,继续正常饲喂,直至体重达到标准体重再进行限饲方案;体重超过标

110~120 日龄,一般在晚上进行比较好,能够减少应激。转群后,为鸡群尽快适应新的环境,连续光照 24 小时,由于鸡刚到新的环境,容易产生杂群,因此要减少其他的噪音、饲养员的服装颜色、其他的动物禁止入舍等,增加喂料次数,定期检查饮水系统。若放牧饲养,转群的时间主要根据季节的变化,鸡群的脱温日龄、鸡舍的生产计划进行安排。从季节上来说,一般春季或春末夏初转群较好,放牧的转群时间分为育雏结束和育成结束,但从转群原则上讲,转群的日龄鸡能适应外界气温的高低。

(5)合理饲喂 饲料配制以玉米、大麦为主,用 10%~15% 的鱼粉,加 20% 左右的豆饼等植物饲料,再拌料些切碎的红萝卜、青菜叶、青菜等青绿饲料。饲料保持新鲜、适口性要好,少给勤添,并备好清水供鸡饮用。饲料配制也可按玉米 40%、高粱和大麦 10%、小麦 10%、红薯干 10%、豆饼或花生饼 10%、麸皮和米糠 10%,鱼粉或骨粉 3%、蛎粉或碳酸钼 2%、槐叶粉或苜蓿粉 5% 的比例配制。如搭配青饲料,每千克混合饲料中可加入青饲料 30~40 千克。在饮水中可加入水溶性多维素等,并经常添喂中粗砂粒,用量为每 1 000 羽喂 6~7 千克。

搞好饲喂及产蛋高峰期的喂料,确保高峰期饲料的营养价值,下午 15:00、晚上 19:00 各一次,要求喂料速度快、料的厚度均匀。喂料的多少,一般掌握每只鸡每天喂 100 克左右,但具体的喂料多少,主要根据鸡的产蛋率、气温等变化。在产蛋上升期,掌握喂料的多少,要求第二天早晨料槽底部只有薄薄一层,这说明吃料正好,如果料槽底部料非常干净,说明喂料不足;产蛋高峰过后,喂料量的掌握,以第二天早晨料槽底部的料基本吃光为好。产蛋期的饲喂一天 2~3 次,上午 8:00、下午 15:00 各一次;或早晨 5:00、若放牧饲养,喂料的时间及喂料多少,一般早晨少喂,下午 16:00~17:00 补喂,每只鸡每天的喂料 70~80 克,饲喂青菜每只鸡 20~30 克。

(6)光照管理 鸡群进入产蛋舍后,光照时间只能逐渐延长,切忌缩短光照时间,光照强度力求保持稳定。达不到体重标准的不可增加光照时间和强度。产蛋鸡舍的光照强度为 15 ~ 20 勒。光照程序密闭式鸡舍:绿壳蛋鸡从 19 周龄开始(在此之前每天 8 小时光照),每周增加 1 小时光照,直到 26 ~ 27 周龄达到每天 16 小时光照后稳定,60 周龄后可延长至 17 小时;开放式鸡舍:4 月 15 日至 9 月 1 日出壳的雏鸡,育成期采用自然光照,从 19 周龄开始增加 1 小时光照,2 周后改为每周增加 0.5 小时,直至每天 16 小时光照;9 月 1 日至翌年 4 月 14 日出壳的雏鸡,育成期一般采用恒定光照法,从 19 周龄起每周增加 1 小时光照,到每天 16 小时稳定,60 周龄后可延长至每天 17 小时。

(7)饲养密度　地面垫料平养 6 ~ 7 只/平方米,全板条(或网)上饲养 8 ~ 9 只/平方米(包括种公鸡);采取笼养方式的应根据饲养品种、体型大小,每只鸡不少于 350 ~ 500 平方厘米。

(8)提高绿壳蛋品质的方法　绿壳鸡蛋比普通鸡蛋售价高 1 倍以上,消费者对于蛋白的浓稠度、蛋黄的色泽、蛋的风味及蛋的药物残留比较关注。①蛋白浓稠度。蛋越新鲜,蛋白越浓稠;用 15% 左右的小麦或次粉作饲料可以增强蛋白的浓稠度。②蛋黄色泽。含叶黄素较多的有:新鲜的红(黄)玉米、苜蓿草粉、万寿菊粉、松针、玉米蛋白粉、南瓜、红辣椒等,也可以在饲料中添加叶黄素(2% 的制剂,每吨料添加 1 ~ 1.5 千克)。③风味物质。目前比较切实可行的措施有:一是在鸡舍外的运动场上种植高大的树木,使其常有花、叶、果落下作鸡的食物,又调节气候、净化空气。二是种植并喂给青绿饲料,如苋菜、蕹菜、鲁梅克斯、菊苣、串叶松香草和红薯藤等。三是夏秋在鸡舍外安装诱虫灯,将附近农田、树林中的多种害虫诱过来,并于早晨趁新鲜饲喂。四是利用鸡场的鸡粪加少量猪粪育蝇蛆、蚯蚓。热天鲜喂,多余的在水泥坪上晒干供冬天饲喂。五是利用酿造业副产品如啤酒糟、白酒糟、糖渣、饴糖渣和酱糟等。六是利用稀土、腐殖酸、海泡石、麦饭石和膨润土等做添加剂。

三、疾病防治

根据当地疫病流行情况和本场疫情制定免疫程序

1 日龄注射马立克疫苗,7 日龄接种新城疫多价油苗,每羽 0.3 毫升,9 日龄 ND + H_{120} 二倍量饮水,15 日龄注射 0.5 毫升禽流感疫苗 H5N1,17 日龄鸡痘刺种(2 倍量),19 日龄法氏囊疫苗 2 倍量饮水,30 日龄 ND—Ⅳ3 倍量饮水,以后每月一次测定新城疫、禽流感抗体,根据抗体水平确定免疫的具体时间。50～60 日龄注射新城疫Ⅰ系,120 日龄油苗注射,140 日龄注射新城疫Ⅳ系,以后根据每月测定新城疫、禽流感抗体,根据抗体水平调整免疫时间。

第十章　鹌鹑

鹌鹑属鸟纲,鸡形目,雉科,为鸡形目中最小的一种。鹌鹑原是一种野生鸟类,分布很广,经过 100 多年的驯化和人工选育,已成为高产的珍禽之一。鹌鹑肉质鲜嫩、味道鲜美、营养丰富、食不腻人,是我国民间传统的滋补良药。由于鹌鹑体型小,成熟早,产蛋率高,繁殖力强,饲料转化率高,占地少,因而投资少、生产周期短、繁殖快、生长迅速、收益高,非常适宜农村和城镇集体和个人养殖。

一、鹌鹑的生物特性与品种

(一)鹌鹑的生物特性

鹌鹑性成熟早,生长快,生产周期短,从出壳到开产只需 45 天左右。肉用鹌鹑 40 ~ 45 日龄体重达到 250 ~ 300 克,为初生重的 25 ~ 30 倍。鹌鹑孵化期短,繁殖力强。孵化期为 16 ~ 17 天,一年可繁殖 3、4 代,年繁殖后代总数可达 1 000 只(理论上)。

鹌鹑产蛋力强,平均蛋重 10 ~ 12 克,平均年产蛋量 270 ~ 280 枚(最高纪录 460 枚),年产总蛋量 2.8 千克,为雌鹑自身体重 20 倍。

鹌鹑性情温顺而胆小。适宜笼养,对外界刺激敏感,易惊群,特别要求环境安静。

鹌鹑新陈代谢旺盛,对饲料的全价性要求高。人工饲养的鹌鹑,总是不停地运动和采食,每小时排粪 2 ~ 4 次,成年鹑体温 40.6 ~ 42℃,心跳 150 ~ 220 次/分钟。

(二)鹌鹑的品种

鹌鹑的品种较多,按照现代经济用途分类,可大概分为蛋用型与肉用型。

1. 日本鹌鹑

世界著名蛋用品种。成年雄鹑体重约 100 克,雌鹑 140 克,40 日龄开始产蛋,蛋重 10 克左右,年平均产蛋率 80% 以上,日采食量 25～30 克。本品种对环境温度要求较高,适宜密集型饲养。

2. 朝鲜鹌鹑

属于蛋用品种。主要分为龙城系和黄城系。龙城系成熟体型大于日本鹌鹑,生长发育快,性成熟早,年平均产蛋 270～280 枚,蛋重 12 克左右,肉用仔鹌鹑 35～40 日龄平均体重 130 克,半净膛率 80% 以上。

3. 中国白羽鹌鹑

该品种是北京种禽公司引种培育的新品种,具有自别雌雄的特点,其杂交一代白羽为雌鹑,褐羽为雄鹑。该品种具有良好的生产性能,45 日龄性成熟,成年体重 145～170 克,平均产蛋率 80%～90%,并有抗病能力强、自然淘汰率低、性情温顺等诸多优点。

4. 法国巨型肉鹑

为著名肉用型品种。体型较大,42 日龄体重可达 240 克,适宜屠宰日龄 45 天,体重 270 克,成年体重为 320～350 克,产蛋率不低于 60%,平均蛋重 13～14.5 克,出生雏鹑重 9 克。该品种胸肌发达,骨细肉厚,肉质鲜嫩。

5. 美国法拉安鹌鹑

肉用型品种,35 日龄育肥,体重可达 250～350 克,净膛率 67%,具有生长发育快、体重大、屠宰率高、肉质好等特点。

二、养殖鹌鹑的准备工作

(一)鹌鹑对环境要求和鹑舍一般条件

1. 鹑舍环境要求

冬季能保温,夏季能隔热,有取暖及排风设施。一般舍内温度

18～25℃;育雏温度 30～35℃。

2. 鹌舍建设要求

应该是坐北朝南,或是坐西北朝东南,窗户面积与室内面积比 1:5 为好,这样可以更多地利用阳光,使舍内明亮、通风良好。

3. 鹌舍卫生要求

应有利于防疫消毒,舍内以水泥地面为好,注意留足下水道口,不仅便于清扫消毒,而且有利于防止寄生虫病和鼠害。

（二）鹌舍建筑

1. 建设地点

要选择地势高、排水良好、土质好、背风向阳、远离污染和水、电、交通便利的地方。鹌舍最好坐北朝南,以利于采光和通风。要有平整的路通往鹌舍,又不能离交通要道太近,要避免往来车辆及其他噪音的干扰。

2. 屋顶

要求屋顶材料保温性能好、隔热,并易于排雨。最好使用瓦片建造,先抹泥再挂瓦,屋顶要有顶棚,有利于冬季保温,夏季隔热。顶棚距地面 2.2～2.4 米高。

3. 墙壁和地面

墙壁以砖墙为好,砖墙保温性能好,坚固耐用,便于清扫消毒,但造价较高。如采用造价低廉的石墙,保温性能差,水气凝结在墙上不易散发。因此,使用石墙时要在墙上抹一层麦秸泥,再用石灰乳刷白,可以增强防潮保温。

（三）笼具准备

1. 雏鹌笼

主要供 1～15 日龄的雏鹌使用,笼壁和笼顶可用木板和铁丝制作,安放粪板空隙高度为 5 厘米,底层距地面不低于 30 厘米,顶网、后壁和两侧孔眼为 10 毫米×15 毫米,底网孔眼为 10 毫米×10 毫米。配置专用食槽与水槽。小型育雏笼的规格一般为 100 厘米×60 厘米×20 厘米设一个活动门,可叠 4～5 层,每层下设一粪板。

热源可采用煤炉加热,管道取暖。

2. 成鹌笼

成鹌笼要求适当宽敞,密度要小些,以破壳率低和不影响交配为原则。一般 5~6 层配置,每 3 层设一粪板,每层 100 厘米×60 厘米×22 厘米水槽和料槽不放在笼内,而是安放在笼外集蛋槽上面。安放时,水槽与料槽的间隙为 2.7 厘米宜,便于鹌鹑伸头采食。

(四)食槽、饮水器和其他用具

随着鹌鹑生长发育不同,食槽和水槽均可分为育雏及成鹌两种规格。

1. 育雏阶段

育雏阶段的食槽、水槽都要放在育雏器内,因常拿进拿出,必须做得灵巧耐用,易换水换料,又便于冲洗消毒。

(1)食槽 按不同的日龄以每 10 只鹌鹑所需食槽长度为准。1~5 日龄,8 厘米;6~15 日龄,20 厘米;16~40 日龄,25 厘米。食槽可用铁皮、塑料制作。规格要求宽 7.5 厘米,高 1.5 厘米,长可按需选择。

(2)饮水器 市售罐头瓶饮水器最适合养鹌鹑用。

2. 成鹌阶段

雏鹑长到 10 天以后,喂水、喂料都可在笼外进行。水槽、食槽可用塑料、铁皮等制成,其长短的截取基本与笼体的长度相等。

三、鹌鹑的人工繁育

(一)种鹑的选择

种鹑不论雌雄,都应该选择三代以内、发育良好、无疾病、体重在 120 克以上,体型丰满的鹌鹑。优良的种鹑,要求眼大小适中,目光稳而有神,颈细长,头小圆,肌肉丰满,羽毛有光泽,用手握时显得温驯,对种鹑标准是:

1. 种雄鹑

应体壮胸宽,爪完全伸开,体重120～130克;羽毛颜色较深,有鲜艳红褐色的面颊,美观乌黑的喙;鸣叫洪亮,活泼好动,食欲和性欲旺盛;在泄殖腔上方露出榛子般大小红色的球状隆起,用手按压时有白色泡沫出现,说明已具备交配能力。

2. 种雌鹑

应头型俊俏,颈细长,体型匀称,既有健壮的身体和良好食欲,又不太肥,腹部容积大且柔软。成年雌鹑的体重130～150克,体重超过170克的雌鹑反而产蛋率较低;年产蛋在250枚以上。因雌鹑具有早衰的特点,不可能等到产1年蛋后才选择,所以应统计开产后3个月的产蛋率进行推算,以开产后头3个月的平均产蛋率达88%为选种的下线指标。

(二)配种技术

1. 初配日龄与种用限期

雄鹑出壳后30天开始鸣叫,逐渐达到性成熟。雌鹑出壳45天左右开产,开产后就可以配种。作为种鹑的适宜配种日龄:中雄鹑为90日龄,种雌鹑应在开始产蛋的20天以后。利用期限的最佳期,种雄鹑为4～6月龄,种雌鹑3～12月龄。但一般繁殖场在实际饲养中,60日龄的雌雄鹑开始配种,繁殖期为1年,年年更换。

2. 配种季节

鹌鹑的配种以春秋为宜。此时气候温和,种鹑蛋的受精率和孵化率均较高,也有利于雏鹑的生长发育。若具备一定的温度条件,可常年交配。

3. 配种的方法和注意事项

原则上应用日龄较小的雄鹑配日龄较大的雌鹑。鹌鹑以早晨或傍晚的性欲最旺盛,交配后受精率也最高。其中在早晨第一次饲喂后交配更为合适,傍晚的交配常会因雌鹑即将产蛋而拒配。常用的配种方法有以下3种,可根据饲养不同的目的选择不同的配种方法。

(1)个体配种法　雌雄鹑均单笼饲养,交尾时将雄鹑放入雌鹑笼内,任其自由交配,数分钟交尾完毕再将雄鹑放回原笼,雄鹑每日交配一次。这种配种法既可提高受精率,又能防止雄鹑因交配次数过多而消瘦,也不会影响雌鹑产蛋,适用于良种场。其缺点是需要笼舍多,费工费时。

(2)一雄双雌配种法　将1只雄鹑放入装有2只雌鹑的笼内,任其自由交配。配种时间为早晚各1次,也可每日上午交配2次,两次间隔2~3小时,每次配种后即将雄雌分开。这种方法比个体配种法经济些,也适用于良种场。

(3)小群配种法　将雌雄鹑按照(2~3):1的比例混养于一个较大笼内,任其自由交配,一般每小群为30~40只。这种方法用笼较少,交配次数多,雄鹑饲养的数量少,成本低,管理方便,但因其系谱不清,仅适用于商品场。

四、鹌鹑的营养需要

根据鹌鹑的生长发育特点,蛋用型鹌鹑日粮配合总的要求是"两头高,中间低"。即雏鹑和成年鹑日粮中蛋白质和代谢能含量都比较高,而仔鹑日粮中的含量降低一些,以达到控制鹌鹑性成熟,使其不至于过早开产的目的。开产日龄控制在45~50日龄为好。仔鹑日粮可减少一些鱼粉等蛋白质饲料,增加糠麸类饲料使用量。表10-1是蛋用型鹌鹑各阶段营养需要的推荐量。

表10-1　蛋用型鹌鹑各阶段营养需要

饲养阶段	蛋白质(%)	代谢能 (千焦/千克)	矿物质(%)	食盐(%)
育雏期	22.5	11.7	2.5	0.5
育成期	18	11.0	2.5	0.5
产蛋期	20	11.5	4.5	0.5

需要特别指出的是,产蛋期日粮蛋白质含量应根据产蛋率水平和不同季节气温高低差异进行适当调整。夏季高温采食量减少,应适当增加日粮中蛋白质含量;冬季低温,采食量增加,应适当降低日粮中的蛋白质含量,增加能量饲料比例,这样才能做到充分发挥成鹑的生产性能,又减少不必要的浪费。肉用仔鹑则与蛋用仔鹑不同,为了获得较大的上市体重,从出壳至出笼都给予高营养水平的饲料。

五、鹌鹑的饲养管理

鹌鹑各阶段的划分,国内尚无统一标准。根据其生理特性,大至可分为:1~15日龄为雏鹑,15~40日龄仔鹑,40日龄以后为成鹑。

(一)雏鹌鹑的饲养管理

鹌鹑的育雏是指1~15日龄的饲养管理。鹌鹑的育雏阶段生长发育迅速,羽毛脱换、生长速度很快。

1. 保温

雏鹌鹑体温调节机能不完善,对外界环境适应能力差,同时,幼雏个体很小,相对体表面积较大,散热量较成鸡多,所以雏鹑对温度非常敏感。保温条件比雏鸡要求更为严格。育雏时温度头2天应保持35~38℃,在而后降至34~35℃,保持1周,以后逐步降低到正常水平。育雏器内温度和室温相同时,即可脱温。室内温度保持在20~24℃为宜。温度掌握不仅仅依靠温度计,更主要的是观察雏鹑的状态,看鹑施温。同时,还应注意天气变化,冬季稍高些,夏季稍低些;阴雨天稍高些,晴天稍低些;晚上稍高些,白天稍低些。

2. 通风与湿度

通风的目的是排出舍内有害气体,换新鲜空气,只要育雏室温度能保证,空气越流通越好。育雏的前阶段(1周龄),相对湿度保持在 60% ~65% ,以人不感到干燥为宜。稍后(2 周龄)由于体温增加,呼吸量及排粪量增加,育雏室内容易潮湿,因而要及时清除粪便,相对湿度 55% ~60% 为宜。

3. 饮水

雏鹑经过长途运输或在孵化器内呆的时间过长,会丧失不少水分,应及时供给温水,使雏鹑恢复精神,否则会使雏鹑绒毛发脆,影响健康。长时间不供水,会使雏鹑遇水暴饮,甚至弄湿羽毛,引起受凉,产生拉稀。第一天饮 0.01% 的高锰酸钾水,连饮三天,以后每周饮高锰酸钾水一次。如经长途运输,第一天宜饮用 5% 葡萄糖水溶液。

4. 喂料

雏鹑生长发育迅速,所需饲料营养要求高。雏鹑如在 24 小时出齐,则 16 小时开食,如在 15 ~18 小时出齐,则一般要求在 24 小时内开食。开食料采用混合饲料,可用 0 ~14 天的专用雏鹑料或小鸡料,一般均采用昼夜自由采食,须保持不断水,不断料。也有采用定时定量喂饲,原则上早、晚 2 次。但应看具体情况而定。

5. 饲养密度

应合理安排饲养密度。每平方米面积第一周龄 250 ~300 只,第二周龄 100 只左右,第三周龄 75 ~100 只(蛋鹑 100 只,肉鹑 75 只),冬季密度可适当增大,夏季则相应减少。同时,应结合鹌鹑的大小,结合分群适当调整密度。

6. 光照

育雏期间的合理光照,有促进生长发育的作用,光线不足,会推迟开产时间。一般第一周采用 24 小时光照,8 ~9 天后白天不开灯,利用自然光,晚上开灯。

7. 辅料

育雏器内的辅料最理想的是麻袋片,也可采用粗布片。由于刚孵出的雏鹑腿脚软弱无力,在光滑的辅料上行走时,易造成"一"字腿,时间一长,就不会站立而残废。因此辅料禁用报纸或塑料。

8. 日常管理

育雏的日常工作要细致、耐心,加强卫生管理。经常观察雏鹑精神状态。按时投料、换水、清扫地面及清扫粪便,保持清洁。其日常管理包括以下几点:

(1)要有专人24小时值班,每天早晚,要观察鹌鹑的动态,如精神状态是否良好,采食、饮水是否正常,发现问题,要找出原因,并立即采取措施;

(2)承粪盘3天清扫1次,饮水器每天清洗1次;

(3)每天日落后开灯,掌握照明时间;

(4)经常检查育雏箱内的温度、湿度、通风是否正常。临睡前,一定要检查一次温度是否适宜;

(5)观察雏鹑粪便情况,正常粪便较干燥,呈螺旋状。粪便颜色、稀稠与饲料有关。喂鱼粉多时呈黄褐色,喂青饲料时呈褐色且较稀,均属正常。如发现粪便呈红色、白色便须检查;

(6)及时淘汰生长发育不良的弱雏。发现病雏,及时隔离,死雏及时剖检;

(7)在1周龄和2周龄时,抽样称重,与标准体重对照。

(二)仔鹌鹑的饲养管理(种用和蛋用仔鹌鹑)

仔鹑即指15～40日龄期间的阶段。这一阶段生长速度快,尤以骨骼、肌肉、消化系统与生殖系统。其饲养管理的主要任务是控制其标准体重和正常的性成熟期,同时要进行严格的选择及免疫工作。

1. 光照

仔鹑的饲养期间需适当"减光",不需育雏期那样长的光照时间,只须保持10～12小时的自然光照即可。在自然光照时间较长的季节,甚至需要把窗户遮上,继续使光线保持在规定时间内。

2. 湿度和通风

室内应注意保持空气新鲜,但要避免穿堂风,地面要保持干燥。冬季要注意保温,可在中午气温稍高时换气。适宜的湿度为55%~60%。

3. 温度

育成期初期温度保持在23~27℃,中期和后期温度可保持在20~22℃。

4. 控料

对种用仔鹌鹑和蛋用仔鹌鹑,为确保仔鹌鹑日后的种用价值和产蛋性能,雌、雄鹌鹑最好分开饲养,同时还要对雌仔鹌鹑限制饲喂,一般从28日龄开始控料。这不仅可以降低成本,防止性成熟过早,又可提高产蛋数量、质量及种蛋合格率。

限制饲喂方法:

(1)控制日粮中蛋白质含量为20%;

(2)控制喂料量,仅喂标准料量的80%。一般种用仔鹌鹑与蛋用仔鹌鹑在40日龄时,大约已有2%的鹌鹑开产,但大多数均需在45~55日龄开产。因此在之前,必须做好各种预防、驱虫等工作。并应及时转群。转群前应做好成鹑舍、成鹑饲料等的各种准备工作。转群时动作需轻,环境需保持安静。一般1月龄左右的鹌鹑从外貌上可判别雌雄,可采用公母分开饲养,除种用公鹑外,其余公鹑与质量差的母鹑均可转入育肥笼,进行育肥上市。

(三)成鹑的饲养管理

成鹑一般指40日龄以后的鹌鹑,其饲养目的是获得优质高产的种蛋、种雏及食用蛋。成鹑因生产目的不同可区分为种用鹑和蛋用鹑,二者除配种技术、笼具规格、饲养密度、饲养标准等有所不同外,其他日常管理基本相似。

1. 公母配比及利用年限

根据育种或生产的需要,鹌鹑的公母配比有所差异。常用的为1:4或1:4.5,雄、雌配比是保证种卵受精率的关键措施之一。鹌鹑的利用年限,公鹑仅为一年,种母鹑则以0.5~2年不等,主要取决于产蛋量、蛋重、受精率以及经济效益、育种价值等而定。在生产实践中对蛋用型种鹑仅用 8 个月的采种时间；对肉型母鹑的采种时间则更短些，仅为 6 个月。

2. 母鹑的产蛋规律。

母鹑群一般 40 日龄左右就开始产蛋，一般一个月以后即可达到产蛋高峰，且产蛋高峰期长。产蛋时间主要集中在午后至晚上 20：00 前，而以午后 15：30 ~ 16：50 为产蛋数量最多。

3. 成鹑的饲料与饲喂

产蛋鹑必须使用全价饲料，鹌鹑对饲料的质量要求较高，尤其是对饲料中的能量和蛋白质水平要求更高。能量要达到 2 750 ~ 2 800 千卡/千克，蛋白质 19.3% ~ 19.5%。冬天可以加入动物、植物油。产蛋鹑每只每天采料 20 ~ 24 克，饮水 45 毫升左右，但随产蛋量、季节等因素而改变。增加饲喂次数对产蛋率也有较大影响，即便是槽内有水，有料，也应经常匀料或添加一些新料，每天 4 ~ 5 次。

4. 成鹑的管理

（1）舍温　舍内的适宜温度，是促使高产、稳产的关键。一般要求控制在 18 ~ 24℃，低于 15℃ 时会影响产蛋，低于 10℃ 时，则停止产蛋，过低则造成死亡。解决的办法是增加饲养密度、增加保温设备。夏天舍内温度高于 35℃ 时，会出现采食量减少，张嘴呼吸，产蛋下降。应降低饲养密度，增加舍内通风等。

（2）光照　光照有两个作用，一是为鹌鹑采食照明，二是通过眼睛刺激鹌鹑脑垂体，增加激素分泌，从而促进性的成熟和产蛋。鹌鹑初期和产蛋高峰期光照应达 14 ~ 16 小时，后期可延长至 17 小时。光照强度以每平方米 2.5 ~ 3 瓦为宜。灯泡位置放置时，应注意重叠式笼子的底层笼的光照。

（3）湿度　产蛋鹌鹑最适宜的相对湿度为 50% ~ 55%，鹌鹑本身要散热，排粪也会增加湿度，如果鹑舍湿度过大，微生物会大量孳生而影响鹌鹑的健康与产蛋率。

（4）保持环境安静　鹌鹑胆小怕惊，很容易出现惊群现象，表现为笼内奔跑、跳跃和起飞。如饲养员工作时动作过于粗暴，过往车辆及陌生人的接近等都会引起惊群、产蛋率下降及畸形蛋增加。

（5）日常管理　饲养产蛋鹌日常工作应包括清洁卫生和日常记录。食槽、水槽每天清洗一次，每天清粪 1～2 次。门口设消毒池，舍内应有消毒盆。防止鼠、鸟等的侵扰，日常记录应包括舍鹌数、产蛋数、采食量、死亡数、淘汰数、天气情况、值班人员等。

六、鹌鹑的疾病防治

鹌鹑常见传染病有新城疫、马立克氏病、支气管炎、溃疡性肠炎、白痢杆菌病、巴氏杆菌病、曲霉菌病、白喉病、鹑疫；寄生虫病有球虫病、隐孢子虫病、羽虱、石灰脚病；营养代谢性疾病有维生素 A 缺乏症，维生素 B_1、维生素 B_2 以及维生素 D、维生素 E 缺乏症；普通病常见有胃肠炎、脱肛等。

（一）新城疫

【病因】　鹌鹑新城疫多在鸡新城疫流行后期发生，该病毒侵入机体后引起败血症，死亡率较高。本病一年四季均可发生，但以春秋两季多发。病禽的唾液、粪便等均含有大量病毒，通过饲料、饮水和用具传染健康禽。病禽在咳嗽或打喷嚏时，也可通过空气传播病毒。

【症状】　病初一般出现神经症状，头向后或偏向一侧，口中流出液体，食欲不振，拉白痢，软壳蛋和白壳蛋增多，一般 2～3 天死亡。急性病例则呼吸困难，神经紊乱，很快死亡。以 40～70 日龄鹑发病较多，7 月龄以上发病率较低。死亡率在产蛋前发病时为 50%，在产蛋后发病时降低为 10%，病程较长，产蛋明显减少。

剖检病变主要为腺胃、肠道及卵巢有出血性病变，尤其是食道与腺胃交界处的黏膜有针尖状的出血点或出血斑。

【防治】　该病无特效治疗药物，应以预防为主。接种新城疫疫苗是预防本病的有效方法。可采用新城疫Ⅱ系疫苗饮水免疫，免疫接种 3 次，第一次在 4 日龄，用Ⅱ系弱毒疫苗 100 羽份加凉开水 1 000 毫升稀释后供饮,每 100 只雏鹑需饮水 1 500 毫升。第二次在 20 日龄,约饮 2 000 毫升。第三次在 50 日龄,约饮 5 000 毫升。在饮水免疫的前一夜,停止供水,造成鹌鹑有渴感,次晨放入有疫苗的水,使所有鹌鹑均能饮水,且在 2 小时内饮完。

(二)马立克氏病

马立克氏病也是鹌鹑常发的一种病毒性疾病,病鹑表现为精神不振、瘫痪、贫血、两翅下垂、排绿色稀粪。剖检时常见内脏病变,表现为心脏、肺、腺体、胃、肝、肾、睾丸及卵巢出现单个或多个肿瘤。本病无特效药物治疗,以预防为主。对初生鹑皮下注射马立克氏病疫苗效果较好。

(三)石灰脚病

【病因】 该病病原体为突变膝螨,多寄生在鹑胫部和趾部。

【症状】 病鹑胫部和趾部发炎,有炎性渗出物,形成灰白色或黄色结痂。严重时可引起关节肿胀,趾骨变形,行走困难,生长受阻,产蛋下降。

【治疗】 治疗时可用 20% 硫黄软膏涂擦患部,每天两次,连用 3~5 天;或用温水洗去胫部和趾部上的痂皮,然后用 0.1% 敌百虫溶液浸泡 4~5 分钟。

(四)鹌鹑支气管炎

【病因】 鹌鹑支气管是鹌鹑支气管炎病毒所引起的一种急性、高度传染性呼吸道疾病。

【症状】 潜伏期 4~7 天。病鹑精神委顿,结膜发炎,流泪;鼻窦发炎,甩头;打喷嚏、咳嗽,呼吸促迫,气管啰音;常聚堆在一起,群居一角;时而出现神经症状。成鹑产蛋下降,产畸形蛋。结膜发炎,角膜混浊;鼻窦发炎,时有脓性分泌物;肺、气管发炎,内有大量黏液;气囊膜混浊,呈云雾状,有黏性渗出物;肝有时发生坏死病变;腹膜发炎,腹腔有脓性渗出物。

【防治】 患病期间在饲料与饮水中添加 0.04%~0.08% 的土霉素或金霉素,与抗病毒药合用,同时适当提高育雏室及鹑舍的温度,改善通风条件,可减少死亡。加强防疫工作,严防带毒者与鹌鹑接触。发病期停止孵化,病鹑不可作种用,发病的种鹑要淘汰。

(五)鹌鹑双球菌病

【病因】 鹌鹑双球菌病是由双球菌引起的以拉稀、歪头为特征的传染病。

【症状】 精神沉郁,食欲减少或废绝,闭目昏睡,呼吸困难,羽毛蓬乱无光。多数病鹌鹑歪向一侧,不断倒地,人工扶起,歪着头又倒地,个别倒在地上采食。腹泻严重,排黑色黏性或白色稀便。有的关节肿大,腹部肿胀发紫。产蛋小或产软蛋、白皮蛋、棕色蛋,产蛋率显著下降。病程7~21天。体表脱毛处皮肤发红,腹腔内有浆液性、出血性或浆液纤维性渗出物;小肠壁增厚,肠管变粗,肠黏膜有弥漫性出血斑点,有的溃疡面有高粱粒大小的黄色干酪物,拨去干酪物可见红色的溃疡凹陷;肝脏肿大,被膜有不同程度的出血斑或黄色条纹;脾脏肿大1~2倍,有出血斑点;肾肿大3~4倍,色暗,输卵管发炎。

【防治】 链霉素2克,用水溶液拌料24千克;氟苯尼考饮水,均连用7天。间隔5天,再用上法连用7天,可治愈。在服药期,对禽舍及饮用器具经常清洗消毒,保持鹑舍卫生。

参考文献

［1］高本刚,等．特种禽类养殖与疾病防治［M］．北京:化学工业出版社,2004.

［2］李家瑞．特种经济动物养殖［M］．北京:中国农业出版社,2002.

［3］王洪玉．实用特禽养殖大全［M］．延吉:延边人民出版社,2003.

［4］程德君,等．珍禽养殖与疾病防治［M］．北京:中国农业大学出版社,2004.